绿色水产养殖典型技术模式丛书

集装箱式
循环水养殖技术模式

JIZHUANGXIANGSHI
XUNHUANSHUI YANGZHI JISHU MOSHI

全国水产技术推广总站 ◎ 组编

U0380939

中国农业出版社
北京

图书在版编目（CIP）数据

集装箱式循环水养殖技术模式／全国水产技术推广
总站组编．—北京：中国农业出版社，2021.12
（绿色水产养殖典型技术模式丛书）
ISBN 978-7-109-28191-2

Ⅰ.①集… Ⅱ.①全… Ⅲ.①水产养殖 Ⅳ.①S96

中国版本图书馆 CIP 数据核字（2021）第 076279 号

中国农业出版社出版

地址：北京市朝阳区麦子店街 18 号楼
邮编：100125
策划编辑：武旭峰 王金环
责任编辑：王金环
版式设计：王 晨 责任校对：刘丽香
印刷：北京通州皇家印刷厂
版次：2021 年 12 月第 1 版
印次：2021 年 12 月北京第 1 次印刷
发行：新华书店北京发行所
开本：700mm×1000mm 1/16
印张：7.5 插页：6
字数：168 千字
定价：38.00 元

丛书编委会

D I T O R I A L B O A R D

丛书序
Preface

■ ■ ■ ■

　　绿色发展是发展观的一场深刻革命。以习近平同志为核心的党中央提出创新、协调、绿色、开放、共享的新发展理念，党的十九大和十九届五中全会将贯彻新发展理念作为经济社会发展的指导方针，明确要求推动绿色发展，促进人与自然和谐共生。

　　进入新发展阶段，我国已开启全面建设社会主义现代化国家新征程，贯彻新发展理念、推进农业绿色发展，是全面推进乡村振兴、加快农业农村现代化，实现农业高质高效、农村宜居宜业、农民富裕富足奋斗目标的重要基础和必由之路，是"三农"工作义不容辞的责任和使命。

　　渔业是我国农业的重要组成部分，在实施乡村振兴战略和农业农村现代化进程中扮演着重要角色。2020 年我国水产品总产量 6 549 万吨，其中水产养殖产量 5 224 万吨，占到我国水产总产量的近 80%，占到世界水产养殖总产量的 60% 以上，成为保障我国水产品供给和满足人民营养健康需求的主要力量，同时也在促进乡村产业发展、增加农渔民收入、改善水域生态环境等方面发挥着重要作用。

　　2019 年，经国务院同意，农业农村部等十部委印发《关于加快推进水产养殖业绿色发展的若干意见》，对水产养殖绿色发展作出部署安排。2020 年，农业农村部部署开展水产绿色健康养殖"五大行动"，重点针对制约水产养殖业绿色发展的关键环节和问题，组织实施生态健

1

康养殖技术模式推广、养殖尾水治理、水产养殖用药减量、配合饲料替代幼杂鱼、水产种业质量提升等重点行动，助推水产养殖业绿色发展。

为贯彻中央战略部署和有关文件要求，全国水产技术推广总站组织各地水产技术推广机构、科研院所、高等院校、养殖生产主体及有关专家，总结提炼了一批技术成熟、效果显著、符合绿色发展要求的水产养殖技术模式，编撰形成"绿色水产养殖典型技术模式丛书"（简称"丛书"）。"丛书"内容力求顺应形势和产业发展需要，具有较强的针对性和实用性。"丛书"在编写上注重理论与实践结合、技术与案例并举，以深入浅出、通俗易懂、图文并茂的方式系统介绍各种养殖技术模式，同时将丰富的图片、文档、视频、音频等融合到书中，读者可通过手机扫描二维码观看视频，轻松学技术、长知识。

"丛书"可以作为水产养殖业者的学习和技术指导手册，也可作为水产技术推广人员、科研教学人员、管理人员和水产专业学生的参考用书。

希望这套"丛书"的出版发行和普及应用，能为推进我国水产养殖业转型升级和绿色高质量发展、助力农业农村现代化和乡村振兴作出积极贡献。

丛书编委会

2021 年 6 月

前 言
Foreword

■■■

　　符合可持续性发展要求的集装箱式循环水养殖是一种新模式，为提高我国水产品质量安全以及促进生态环境保护，提供了有效的解决方案，并带动了整个水产行业的根本性变革，为我国渔业发展带来了新的活力和动力，为新农村建设描绘了一幅全新的景象。本模式在 2018—2019 年连续两年被农业农村部列为"十项重大引领性农业技术"之一。

　　集装箱式循环水养殖将传统水产养殖从自然空间里"解放"出来，可实现养殖尾水循环利用、达标排放，并提升水产品品质，是水产养殖绿色发展的一种有效推进模式。

　　本书主要内容包括集装箱水产养殖背景、养殖箱体结构、养殖技术、养殖种类和案例等。刘忠松、舒锐、谢骏负责第一章和第二章的编写；王磊、李家乐负责第四章的编写；么宗利负责第三章和第五章的编写，鲍华伟、李学军参与第五章案例部分编写。李明爽、张振东等人负责书稿资料整理和审校等工作。

　　感谢云南红河（元阳）、广西桂林、湖北武汉、江西萍乡的集装箱养殖企业提供的案例资料。

　　书中难免有不足之处，敬请读者批评指正！

编　者

2021 年 4 月

目 录
Contents

■ ■ ■

第一章

集装箱式循环水养殖模式概述

在我国农业现代化进程中，农业逐渐被现代工业、现代科学技术、现代经济管理方法武装，先进技术的创新与适用模式的发展为农民增收、农业增效提供了重要保障。党的十九大提出"加快建设创新型国家""突出关键共性技术、前沿引领技术、现代工程技术、颠覆性技术创新"等论述。新形势下，涌现出一批符合时代发展大潮的创新性水产养殖技术与模式，其中一种颠覆性新兴前沿技术——集装箱循环水养殖技术崭露头角，引发社会各界关注。

第一节　研发背景

一、传统水产养殖方式受限

传统养殖方式受水源、土地、溶解氧、光照等多种环境因素约束，抵御自然风险能力差。

集装箱养殖红罗非

二、养殖废水排放不达标

长期以来传统养殖方式基础设施差、生产方式粗放、尾水处理方式粗放，忽视了养殖整体过程对环境的影响。近年来，一些小型零散养殖企业（户）因养殖尾水不达标问题被接连关停。

集装箱养殖草鱼

三、水产品质量安全风险形势依然严峻

"三鱼两药"（"三鱼"是指大菱鲆、乌鳢、鳜，"两药"指孔雀石绿、硝基呋喃类）一直是水产品质量安全监管的重点和难点，水域环境等外源性污染将会在很长时期内成为制约水产品质量安全的重要因

素。药物滥用现象使水产品成为食品安全的"重灾区"。总的来说，环境因素和投入品的外源性污染会长期存在，短期内还难以完全消除，与新时代人们对优质安全水产品的追求不相适应。

四、科技创新驱动

党的十九大提出创新驱动战略，将创新作为驱动发展的革命性动力。要瞄准国际创新趋势、特点进行自主创新；既可以在优势领域进行原始创新，也可以对现有技术进行集成创新，还应加强引进技术的消化吸收再创新。深化农业供给侧结构性改革和推进渔业转方式调结构，必须依靠科技创新。

第二节　基本概念及模式优势

一、基本概念

集装箱养鱼模式是一种利用集装箱进行标准化、模块化、工业化循环水养殖的新兴模式。该模式创造性地采用定制的 20 英尺*标准集装箱（可容纳养殖水体 25 米^3）为载体，通过综合应用循环推水、生物净水、流水养鱼、鱼病防控、集污排污、物联网智能管理等先进技术，有效控制养殖环境和养殖过程，实施可控式集约化养殖，实现资源高效利用、循环用水、环保节能、绿色生产、风险控制的目标。根据应用范围和水处理方式不同，该技术模式可分为陆基推水式和"一拖二"式两种。

（一）陆基推水式

陆基推水式主要是利用大面积池塘作为缓冲和水处理系统，将传统养殖池塘变为仿湿地生态池塘，是对传统池塘养殖方式的革新。

模式简介：在池塘岸边摆放一排集装箱，将池塘养的鱼移至集装箱，箱体与池塘形成一体化的循环系统，从池塘抽取的水经臭氧杀菌后在集装箱内进行流水养鱼，养殖尾水经过固液分离后再返回池塘处理，不再向池塘投放饲料、渔药，池塘主要功能变为湿地生态池（图1-1）。

＊ 英尺为非法定计量单位，1 英尺≈0.304 8 米，下同。——编者注

图 1-1 陆基推水式集装箱
左图：模型图，右图：实景图

（二）"一拖二"式

"一拖二"式由一个水处理箱和两个养殖箱组合而成。智能水处理箱是该模式的核心和关键。

该模式一般采用地下水，实行全封闭养殖。系统集成了水质测控、粪便收集、水体净化、供氧恒温、鱼菜共生和智慧渔业等六个技术模块，通过控温、控水、控苗、控料、控菌、控藻"六控"技术，确保养殖全程可控和质量安全可控，实现养殖智能标准化、绿色生态化、资源集约化、精细工业化（图 1-2）。

图 1-2 "一拖二"式集装箱
左图：模型图，右图：实景图

二、模式优势

集装箱养鱼创造了现代水产养殖新模式，建立了提高经济效益、生态效益、社会效益的新路径，打造了渔业绿色发展、转型升级、产业扶贫新样板。

（一）节地节水

在节地方面，集装箱养鱼占地面积小、安装灵活、移动性强，可最大限度地利用非耕地，减少对土地的深挖破坏，有效降低基建对占用土地的影响，开创了土地集约化利用新模式。配套陆基推水式的池塘，养殖效率提高了3倍，在产量、产值相同的情况下，相当于节约了池塘占地面积的75%；1套"一拖二"式占地面积仅60米²，平均产量与4亩*传统池塘相当，可节约池塘占地面积的近98%。在节水方面，陆基推水式生产过程中水体始终在箱体和池塘间循环，不存在传统池塘养殖的清塘清淤、废水外排等问题，节约了大量水资源；"一拖二"式属于完全封闭式运行，水体在集装箱内循环利用，可做到常年不换水，只需少量补水，节水效果显著。在传统水产养殖空间受到挤压和工厂化水产养殖大量消耗水资源的双重压力下，集装箱养鱼模式节地、节水优势凸显。

（二）品质可控

集装箱养鱼模式从养殖理念到系统设计都是为了实现养殖品种健康、安全，保证向社会供应优质水产品。一是集装箱养鱼水质可控、温度恒定，病害发生概率小，可有效降低药物用量，成品鱼无药物残留，无重金属累积，符合食品安全标准，检测合格率100%。二是增氧推水养殖使鱼类逆水运动生长，消耗掉多余脂肪，不仅能保持体形美观，还使肉质弹性增强，无土腥味，品质提升，市场售价优势明显。三是箱底设计为10°斜坡，收获时成鱼会顺水流集中到箱底一侧，减少成鱼脱离水体时间，降低成鱼应激反应，防止鱼体皮肤损伤，基本实现无伤害收鱼（相比池塘和工厂化养殖，此优势明显）；在运输过程中，无伤成鱼的耐受环境能力强，不易发生水霉病，可避免运输中使用孔雀石绿等违禁药物，从而保障从出箱到餐桌的全程食品质量安全。

（三）智能标准

一是将现代设施装备、水质精准调控、粪污生化处理、智能生产管理等先进技术融为一体，创新了智能化、集约化、现代化养殖技术体系。养殖过程中采用自动化管理和精细化控制，利用物联网技术，不仅在养殖基地实现全程预警、实时监控，而且与研发基地联网实现

---

* 亩为非法定计量单位，15亩＝1公顷，下同。——编者注

远程监控、远程设置和技术操作，逐步建立集装箱养鱼模式基础数据库，大大提高了智能化、科学化管理效率和水平。二是标准化生产能力显著提升，从鱼苗投放、饲料选择到配套养殖技术都制定了科学标准和技术操作规程，使苗种标粗、分箱暂养、成鱼养殖等环节的技术要领一致、可控。该模式稳定性好、可复制性强，名优水产品规格整齐度高、商品性好，相比传统池塘养殖，在鱼苗投放、饵料饲喂、水质调控、起捕节点、成鱼售价等方面都具有明显优势。三是学习培训便捷，全套技术实现了"傻瓜化"，可控性强、操作简单、便于管理，应用者经 7～10 天培训即能学习掌握技术要领，能够保证养殖技术不走样，适合基层养殖人员快速学习应用。

（四）绿色生态

集装箱养鱼把水资源循环利用作为主攻方向，转变了传统养殖方式，形成了资源节约的发展模式，推动了水产养殖绿色发展。在生产过程中与生态农业、鱼菜共生等相结合，通过集中收集养鱼残饵、粪便，用于蔬菜有机肥，变废为宝，实现清洁生产零污染，有效改善生态环境，这在 12 个省份的集装箱养鱼案例中已有显现。该模式可替代目前自然水域传统养殖模式，在不影响渔民生计的前提下，在保持水产品生产供应的同时，可逐渐替代网箱网围养殖模式，为实施退渔还湖、退渔还江、退渔还海、塑造美丽海湾等提供解决方案。

（五）改变面貌

从养殖者角度看，集装箱养鱼建立了新型工业化养鱼的新模式，自动化、智能化的养殖作业方式使得劳动强度降低、养殖效率提高，渔民开始告别传统养殖作业方式，减少了昔日池塘劳作的辛苦；特别是"一拖二"式集约化程度高、现代化养殖特色突出，养殖者的科技素质普遍得到提高，普通渔民开始向有知识、有技能的"产业工人"转变。从渔业发展方式看，集装箱养鱼打破了传统思维定式，把过去想不到、做不到的水产养殖模式拓展提升到集装箱养鱼这一工业化、现代化模式，依靠创新驱动引领推动了水产养殖方式变革，较大程度地改变了传统养殖"靠天吃饭"的局面，成为推动渔业转型升级的重要实践。2017 年广东发生的几起超强台风，使传统养殖受灾严重，但集装箱式养殖未受影响。从产业形态看，集装箱养鱼模式与休闲渔业、垂钓采摘、特色餐饮相结合，其参与性、观赏性、娱乐性强，既能使

人领略养鱼乐趣，又能感受优美景致，还能品尝美味佳肴，由此可拓展养殖业功能，促进一二三产业融合。

(六) 产业扶贫

随着集装箱养鱼模式的不断创新，其在经济、生态、社会效益等方面的独特优势愈加明显，很多地区陆续把其作为重点扶贫项目。例如，河南省对集装箱养鱼产业发展模式极为重视，已将该模式列入产业扶贫重点项目。河南省长垣县于 2016 年 7 月整合扶贫项目资金 1 500 万元，投资建设"一拖二"式集装箱 350 个，以 600 个贫困户免费入股的形式，探索资产收益扶贫新模式；2017 年 1 月，长垣县 600 个贫困户收到了首批 180 万元分红款，实实在在感受到了集装箱养鱼特色产业扶贫带来的收益。河南兰考、山东禹城、贵州兴义也把集装箱养鱼作为产业扶贫的主导模式，分别承担起 400 户、800 户、600 户的扶贫重任。河北省、湖南省、湖北省相继在涿鹿县、永顺县、来凤县试验集装箱养鱼产业扶贫模式，目前已经取得阶段性成果，发展前景良好。

陆基推水集装箱式养殖技术

第一节　工作原理

陆基推水集装箱式养殖模式将集装箱养殖箱体摆放在池塘岸基，箱体内实施高效养殖，养殖箱体与池塘建设成一体化的循环系统，从池塘抽的水经臭氧杀菌后进入集装箱内进行流水养鱼，养殖尾水经过固液分离后再返回池塘进行生态处理，不向池塘投放饲料和渔用药物，使池塘主要功能变为湿地生态净水池。另外，通过高效集污系统，将90％以上的养殖残饵、粪便集中收集处理，不进入池塘，降低池塘水处理负荷，大幅延长池塘清淤年限。将集中收集的残饵、粪便引至农业种植区，作为植物肥料重新利用，实现生态循环（图2-1）。

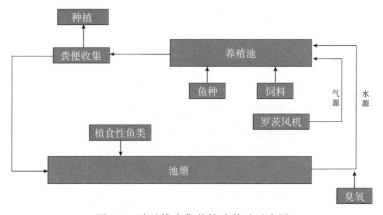

图 2-1　陆基推水集装箱式养殖示意图

第二节　技术特点

陆基推水集装箱式养殖技术的特点，一是保持池塘与集装箱不间断地进行水体交换，常规 5 亩池塘配 10 个集装箱（即 1 亩池塘配置 2 个集装箱），每个集装箱平均每天可实现 2 次完全换水。箱体配有增氧设备、臭氧杀菌装置等，能够调控养殖水体，降低病害发生率。二是箱体内采用流水养鱼，鱼体逆水运动生长，符合鱼类生物学特性和生活习性，再加上定时定量投喂全价配合饲料，减少饲料浪费，饲料系数达到 0.9～1.2，成鱼品质较传统池塘明显提高。三是可将养殖废水进行多级沉淀，集中收集残饵和粪便并作无害化处理，去除悬浮颗粒的尾水排入池塘，利用大面积池塘作为缓冲和水处理系统，可减少池塘积淤，促进生态修复，降低养殖自身污染。

第三节　系统构成

一、主要构成

陆基推水集装箱式养殖系统由箱式养殖（图 2-2）、杀菌（臭氧发生器）、水质处理、排水（液位控制管及后续管道）、进水（水泵浮台及水泵）、增氧（鼓风机）、精准控制（水质监测、设备监控箱）、高效集污（集污槽、旋流分离器、沉淀池）、便捷捕捞、池塘生态净水 10 大系统组成。系统部件包括以下几部分。

1. 养殖箱体

由 20 英尺标准集装箱改造而成，单箱容纳 25 米^3 水体（长 6.3 米、宽 2.4 米、高 2.6 米），满载 35 吨。箱内部喷涂环氧树脂漆，防止箱体腐蚀；顶端有四扇 1 米×0.8 米的天窗，可供观察及投喂；底部搭配坡度为 10°的斜面，与循环水流配合进行集污。设进水口 1 个，进气口 1 个，出水口 2 个。

2. 纳米曝气管

四周设有 6 根 2 米长的曝气管，外接气泵供气，提高养殖箱氧气浓度，并促进箱体内循环水流的形成。

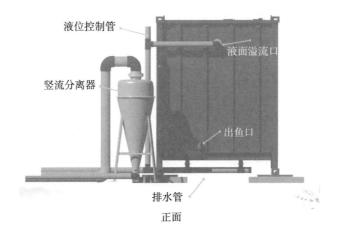

正面

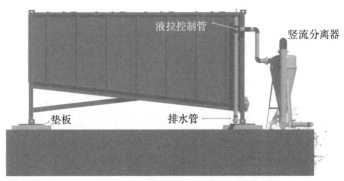

侧面

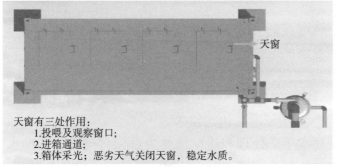

天窗有三处作用：
　　1.投喂及观察窗口；
　　2.进箱通道；
　　3.箱体采光；恶劣天气关闭天窗，稳定水质。

顶面

图 2-2　陆基推水集装箱式养殖箱体构造示意图

3. 进水口

进水口在箱侧壁顶端，进水口流量满足 30 米³/时。进水口流速不能太高。

4. 出水口及水位控制管

出水口外接水位控制管，保持养殖箱水位在指定高度，避免排空。

5. 出鱼口

箱体前端配备直径 300 毫米的出鱼口，出鱼口内部有挡水插板，成鱼通过出鱼口放出。

6. 集污槽

箱体斜面最底端为集污槽，集污槽上方配有规格为 5 毫米（备用 10 毫米）PVC 筛板，残饵、粪便通过集污槽排出养殖箱体，进行集中处理。集污槽连接出水口，靠集装箱水体自压将集污槽中的粪便排出。

7. 竖流分离器

在液位控制管后可选配旋流分离器，去除养殖水体中的悬浮颗粒物，对分离的残饵、粪便进行集中处理。

8. 水泵

采用 500 瓦水泵，流量 45 米^3/时，将池塘水抽至集装箱中。集装箱养殖水体 25 米^3，集装箱与外界循环速度为每小时 1.8 次。

9. 气泵及备用风机

采用 1 千瓦风机，同时养殖箱配备纳米曝气盘，在极端环境下开启风机，同时暂停养殖箱与池塘之间的循环，减少或停止投料。

10. 沉淀池

采用多级沉淀的方式，配合挡板溢水，将粪便沉积在多个沉淀池中，用备用水泵抽走。

二、配套关键技术

1. 循环水系统标准化构建技术

以实现尾水生态处理和达标排放为目标，构建陆基推水集装箱式-池塘循环水系统的生态养殖模式及配套关键技术设备。

2. 适养品种筛选及驯化技术

结合各模式特性要求，以农业农村部发布的新品种为主体，以优质、高效、安全、适用为主要条件，筛选出适宜不同养殖模式的水产品种，开展养殖试验，验证生长速度、养殖成活率、饲料转化系数、出肉率、抗病性、抗逆性和品质等性能，确立适宜品种。

3. 集装箱式高效健康养殖技术

以生态高效为目标，建立分模式、分品种、分区域的生态健康关键技术试验示范区，集成高效养殖技术，实施养殖水质调控，备好鱼种资源、饲料、增氧机等配套设备，参考《陆基推水集装箱式水产养殖技术规范　通则》进行管理。建立精准养殖系统，单位水体生产率在 20 千克/米^3 以上。

4. 物联网精准控制技术

以实现养殖尾水生态处理和达标排放为目标，加快人工湿地及生态塘尾水处理技术、养殖粪污集中收集处理技术的标准熟化，加强对养殖全过程尾水排放情况的监测，对不同技术模式的尾水处理技术性能进行评估和预警分析。

5. 便捷化捕捞技术

利用向养殖箱通入适当浓度的二氧化碳，使鱼处于麻醉状态，从出鱼口均匀排出，实现无创出鱼。

6. 池塘生物净水技术

根据水质情况向池塘投放芽孢杆菌以及滤食性鱼类，以维持池塘水质的稳定性。

7. 粪污集中收集处理技术

在推水养殖区末端，加装底部吸尘式废弃物收集装置，将粪便、残饵吸出至池塘外的污物沉淀池中，经处理后再利用。为建设节水节地和高效集约的养殖生产系统，将占地面积控制在养殖区的 20% 以下。配套集污处理系统，使养殖粪污处理率达 90% 以上。

8. 养殖尾水三级处理

一级厌氧沉淀池生物脱氮技术主要是利用污水中某些细菌的生物氧化与还原作用实现的。生物脱氮工艺按照碳的来源，可分为外碳源工艺和内碳源工艺；按照细菌的存在状态的不同，可以分为活性污泥法和生物膜法生物脱氮工艺。前者的硝化菌、反硝化菌等微生物处于悬浮态，而后者的各种微生物却附着在生物膜上。目前一级沉淀池主要采用活性污泥法，池塘周边护坡具有生物膜作用。二级生态净化池的原理与一级厌氧沉淀池类似，三级曝气增养池是通过人工曝气和水位差的瀑布增氧方式进行增氧。

9. 养殖尾水监控预警技术

通过构建养殖排放尾水实时采集系统，及时、系统地掌握水产养殖尾水排放情况，对不同技术模式尾水处理技术性能进行评估及预警分析，使尾水处理技术性能平均提升10％以上，实现尾水排放自动预测和预警。

10. 病害生态防治技术

从池塘抽取的水经臭氧杀菌后在集装箱内进行流水养鱼。针对养殖品种主要病害，定期投喂丁酸梭菌，保护鱼肠道健康，预防主要病害。

11. 水产品质量安全和品质控制技术

定期进行药物、重金属、病原微生物等主要风险因子的检测，进行水产品质量安全隐患排查。按照相关要求进行精准用药和减量用药。定期开展流通和加工过程的水产品质量跟踪。

第
三
章

"一拖二"式集装箱式养殖技术

第一节　工作原理

　　"一拖二"式集装箱包括 1 个智能水处理箱和 2 个标准养殖箱，一般采用地下水。智能水处理箱全程封闭水处理是该模式的核心和关键。该系统集成了水质测控、粪便收集、水体净化、供氧恒温、鱼菜共生和智慧渔业 6 个技术模块，通过控温、控水、控苗、控料、控菌、控藻"六控"技术，达到养殖全程可控和质量安全可控，具体见图 3-1。

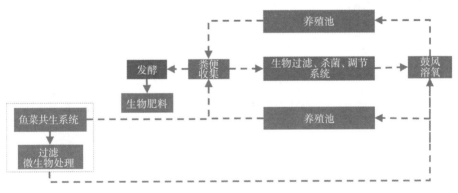

图 3-1　"一拖二"式集装箱式养殖系统工艺

第二节　技术特点

　　"一拖二"式集装箱式养殖技术的特点，一是水处理系统包括微滤机、气提管、罗茨风机、臭氧发生器、智能中控系统及生化池等设备，具有固液分离、杀菌消毒、生化处理、多重增氧保障等功能，可以精

准调节水体中的溶解氧、pH、氨氮、硝酸盐等指标，确保养殖水质最佳。二是具有恒温系统，通过加热或控温方式，使养殖水体保持全程恒温，既可以避免因温度变化带来的鱼体应激反应，提高养殖对象成活率，又可以实现全年持续养殖，满足错季市场需求，获取持续收益。三是设计理念符合生态绿色环保要求，本身就具备控菌、控藻技术，能即时处理养殖粪污，降低养殖病害风险，提高养殖环保水平；而且箱体养鱼不受台风、洪涝、高温、冻害等自然灾害的影响，可避免断电、跑鱼、死鱼等情况的发生，减少灾害带来的损失。

第三节　系统构成

一、主要构成

"一拖二"式集装箱式养殖系统由箱式养殖、杀菌（臭氧发生器）、水质处理、排水（液位控制管及后续管道）、进水（水泵浮台及水泵）、增氧（鼓风机）、精准控制（水质监测、设备监控箱）、高效集污（集污槽、旋流分离器、沉淀池）、便捷捕捞、池塘生态净水等10大系统组成(主要构成图示见图3-2)。系统部件介绍如下。

（一）主要部件

1. 养殖箱体

定制生产集装箱，作为养殖载体，单箱容纳25米³水体（长6.3米、宽2.4米、高2.6米），满载35吨。箱内部喷涂环氧树脂漆，防止箱体腐蚀；顶端有四扇1米×0.8米的天窗，可供观察及投喂；底部搭配坡度10°的斜面，与循环水流配合集污。设进水口1个，进气口1个，出水口2个。

2. 纳米曝气管

四周设有6根2米长的曝气管，外接气泵供气，提高养殖箱氧气浓度，并促进箱体内循环水流的形成。

3. 进水口

进水口在箱侧壁顶端，进水口流量满足30米³/时。进水口流速不能太高。

4. 出水口及水位控制管

出水口外接水位控制管，保持养殖箱水位在指定高度，避免排空。

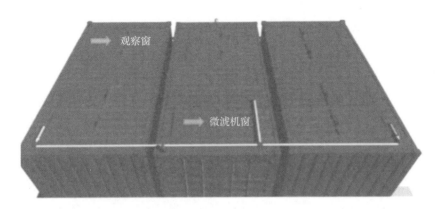

观察窗

微滤机窗

中控箱
　作用：系统的配电中心，同时电控箱具有监控、全自动运行、臭氧发生等功能

中控箱

微滤机
微滤机及进出水管道
　作用：养殖箱中的水体不断经过微滤机，进行固液分离，去除固体颗粒物。降低生化池压力，净化水质

循环管

罗茨风机
　作用：系统的唯一动力源，通过压缩空气来达到气提水、搅动水及增氧的作用

地暖管

地暖管：利用暖气或热水与生化池进行热交换，完成系统加热

曝气管
生物池曝气，使滤料翻滚，切割气泡，降解水体中的氨氮、亚硝酸盐等

图 3-2　系统主要构成

15

5. 出鱼口

箱体前端配备直径 300 毫米的出鱼口，出鱼口内部有挡水插板，成鱼通过出鱼口放出。

6. 集污槽

箱体斜面最底端为集污槽，集污槽上方配有规格为 5 毫米（备用 10 毫米）PVC 筛板，残饵粪便通过集污槽排出养殖箱体，进行集中处理。集污槽连接出水口，靠集装箱水体自压将集污槽中的粪便排出。

7. 旋流分离器

在液位控制管后可选配旋流分离器，去除养殖水体中的悬浮颗粒物，将分离的残饵、粪便进行集中处理。

8. 水泵

采用 500 瓦水泵，流量 45 米^3/时，将池塘水抽至集装箱中。集装箱养殖水体 25 米^3，集装箱与外界循环速度为每小时 1.8 次。

9. 气泵及备用风机

采用 1 千瓦风机，同时养殖箱配备纳米曝气盘，在极端环境下开启风机，同时暂停养殖箱与池塘之间的循环，减少或停止投料。

（二）配套系统

1. 水处理系统

集成微滤机、气提管、罗茨风机、臭氧发生器、智能中控及生化池等，具有固液分离、杀菌消毒、生化处理、多重增氧保障等功能，可即时处理养殖粪污，精准调节水体中的溶解氧、pH、氨氮、硝酸盐等指标，确保养殖水质最佳，降低养殖病害风险，提高养殖环保水平。

2. 恒温系统

通过加热或控温方式，使养殖水体保持全程恒温，既可避免鱼的应激反应，提高成活率，又可实现全年持续生产，满足错季市场需求，获取持续收益（养殖箱体恒温管道系统见图 3-3）。

处理系统参数：

（1）处理箱水体 20 米^3。

（2）微滤机目数 260，水体循环量 60 米^3/时。

（3）生物硫化床载体，比表面积 8 000。

（4）动力功率 ≤ 3.5 千瓦。

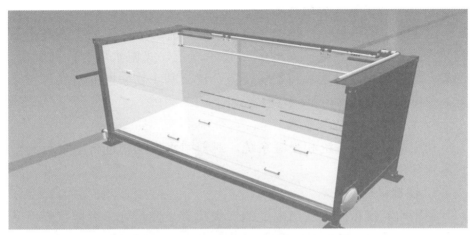

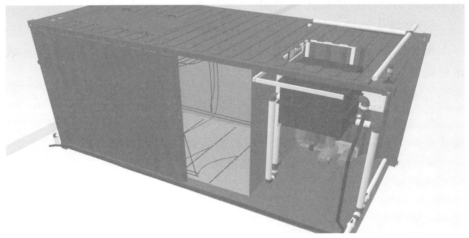

图 3-3 养殖箱体恒温系统

二、配套关键技术

1. 循环水系统标准化构建技术

以实现尾水生态处理和达标排放为目标，构建"一拖二"式集装箱式-池塘循环水系统的生态养殖模式及配套关键技术设备。

2. 适养品种筛选及驯化技术

结合各模式特性要求，以农业农村部发布的新品种为主体，以优质、高效、安全、适用为主要条件，筛选出适宜不同养殖模式的水产品种，开展养殖试验，验证生长速度、养殖成活率、饲料转化系数、出肉率、抗病性、抗逆性和品质等性能，确立适宜养殖品种。

3. 箱式高效健康养殖技术

以生态高效为目标，建立分模式、分品种、分区域的生态健康关键技术试验示范区，集成高效养殖技术规范，实施水质、鱼种资源、饲料、增氧机等关键技术和配套设备，建立基于物联网的精准养殖系统，单位水体生产率在 20 千克/米³以上。

4. 物联网精准控制技术

利用水质监控系统和视频系统，对养殖水产动物进行摄食行为学观察和管理。

5. 便捷化捕捞技术

利用向养殖箱通入适当浓度的二氧化碳，使鱼处于麻醉状态，从出鱼口均匀排出，实现无创出鱼。

6. 池塘生物净水技术

根据水质情况向池塘投放芽孢杆菌以及滤食性鱼类，以维持池塘水质的稳定性。

7. 病害生态防治技术

从池塘抽水经臭氧杀菌后在集装箱内进行流水养鱼，针对养殖品种主要病害，定期投喂丁酸梭菌，从肠道健康上防治主要病害。

8. 水产品质量安全和品质控制技术

同陆基推水式集装箱式养殖技术。

第四章

主要养殖种类

第一节　淡水鱼类

一、尼罗罗非鱼

尼罗罗非鱼（*Oreochromis mossambicus*），属鲈形目、丽鱼科、罗非鱼属（图 4-1）。广泛分布于整个非洲大陆的淡水和沿海咸淡水水域中，是非洲的主要经济鱼类。我国从 20 世纪中后期开始逐渐引进多个品种的罗非鱼。目前，罗非鱼已经成为我国的主要养殖品种之一。我国罗非鱼的产出比能达到全球罗非鱼产出比的 64.7%，其中尼罗罗非鱼的比例最大。现主要就尼罗罗非鱼，介绍其生物学特性和人工繁殖技术。

图 4-1　尼罗罗非鱼

（一）生物学特性

1. 形态特征

尼罗罗非鱼，体形似鲈，侧扁，背高；鳔无管，呈圆筒形。头部

平直或轻微隆起。体被栉鳞。口大唇厚，口裂在鼻孔与眼缘之间，甚至延至眼前缘。侧线鳞数 31～33，上侧线鳞数 13～26，下侧线鳞数 13～20，背鳍有 14～17 个硬棘，10～14 个软棘；臀鳍有 3 个硬棘，8～11 个软棘，尾鳍后缘呈钝弧形或平截状。成鱼身体两侧有与体轴垂直的黑带 8～10 条；背鳍、臀鳍及尾鳍上均有黑白相间的斑点，在背、臀鳍上呈斜向排列；尾鳍上有明显的垂直状黑色条纹，在成鱼中多达 10 余条，尾柄高大于尾柄长。幼鱼阶段背鳍前端具有大而显著的黑色斑点，4 月龄性成熟，斑点消失。体色因环境（或繁殖季节）而变化，在非生殖期为黄棕色；在生殖期则呈灰黑色。头部及其侧面呈淡红色，胸鳍、尾鳍、背鳍的边缘呈红色。

2. 生活习性

尼罗罗非鱼属于温水性鱼类，7℃时部分个体可以短时间存活，6℃时在水体底部聚集，5℃时全部死亡。尼罗罗非鱼的适温范围为 16～42℃，最适温度为 24～32℃，是能长期在高温环境（24～32℃）下生长的鱼，部分个体能在 46℃ 的水体中活动。有研究表明，尼罗罗非鱼的致死低温为 7～10℃；最低的摄食温度为 11℃；最低的越冬温度为 13℃；繁殖的最低温度为 20～21℃，最适温度为 24～32℃。总之，在尼罗罗非鱼的养殖过程中，重点（也是难点）在于越冬保种。该鱼在集装箱式养殖中没有明显的领地占领行为，适合集装箱集约化养殖。

尼罗罗非鱼对于水中溶解氧很敏感，当鱼类出现浮头时，通常说明水中的溶解氧就已低至 2 毫克/升，但尼罗罗非鱼的耐低氧能力也很强，窒息点为 0.07～0.23 毫克/升，水中溶解氧为 1.6 毫克/升时，但尼罗罗非鱼仍能生活和繁殖。水中溶解氧为 3 毫克/升以上时，其生长不受影响。它对环境的适应能力强，可在其他鱼类难以生存的含有大量有机物的水体中正常地生活、生长和繁殖。

尼罗罗非鱼作为广盐性鱼类，不仅能在淡水中生活，也能在海水中生活。但尼罗罗非鱼的耐盐能力相对较差，能耐受盐度为 15～32 的海水。尼罗罗非鱼可以由淡水直接过渡到盐度为 15 的咸淡水中，其间正常生活；若经过四昼夜三个阶段的驯化，它最高可以忍受盐度为 32 的海水，但是在 21.5 及其以上的盐度中，只能生长不能繁殖。没有资料显示尼罗罗非鱼可以在海水中生长至成鱼规格。

尼罗罗非鱼通常栖息在水底，但它的活动受昼夜温度变化的影响。

在早晨，随水温的升高，尼罗罗非鱼集中在中上层；中午，鱼像"浮头"一样，身体与水面成一定夹角，这是在觅食，这时外界如有动静，其即刻沉入水底；在傍晚，随水温降低，其会游至中下层，一直到第二天早晨。鱼体的大小也会影响它的栖息水层，体长不超过 1.5 厘米的幼鱼通常在浅水区活动，随鱼体的长大，活动能力增强，它们会游至深水区或底层。

3. 食性

尼罗罗非鱼是杂食性鱼类，以吃植物性饵料为主。在自然水域中，其主要摄食植物碎屑、藻类和一些浮游植物。在仔鱼时期，以吞噬小型的浮游动物为主，随着鱼苗的长大，其摄食结构也逐渐接近成鱼。孵化后 20 日进入幼苗期，虽然仍以动物性饵料为主，但其摄食器官和食物组成已经过渡到与成鱼类似。

尼罗罗非鱼的胃较发达，其胃腺细胞分泌的胃酸可以使胃液的 pH 小于 2，也正因如此，它能消化其他鱼类不能利用的藻类。据测定，尼罗罗非鱼对于微囊藻属和项圈藻属的平均消化利用率分别达 70% 和 75%。在饲养尼罗罗非鱼的过程中，适当提高水的肥度，有利于它的生长。

在与其他鱼类混养时，尼罗罗非鱼与鲢、鳙、鲤、鲫在食饵上存在矛盾，特别是当饵料不足时，尼罗罗非鱼的幼鱼会被混养鱼类吞食充饥。

（二）人工繁殖

1. 亲鱼的选择和培育

尼罗罗非鱼具有性成熟早，产卵周期短，雌鱼口腔孵卵育幼，繁殖条件宽松，能在小水体静水中正常繁殖的特点。尼罗罗非鱼的性成熟年龄与水体的温度有关，适温条件下，一般 6 个月之内就能成熟。体重 200 克的雌鱼产卵量为 1 000～1 400 粒，通常每 30～50 天繁殖 1 次，一年能繁殖五六次。又由于尼罗罗非鱼具有繁殖条件不严格，雌鱼在口中孵卵等特点，其群体生产力高。

（1）亲鱼繁殖水体条件　尼罗罗非鱼的繁殖可在小水体的静水环境中进行。通常采用面积为 0.13～0.2 公顷，水深 1.5～2 米，水源充足，进排水方便，泥底的小池塘作为繁殖地。泥地不仅可保持水质肥沃，为亲鱼和幼鱼提供食物，也为亲鱼打窝繁殖提供场所。亲鱼刚经历越冬都

比较虚弱，在将其放养前，要加强培育，促使其性腺发育。在繁殖前，繁殖发育池要按照每亩 300～500 千克的标准施放基肥。一般每亩施粪肥 250～500 千克或绿肥 500～750 千克。

（2）雌雄的鉴别与亲鱼的放养

①雌雄的鉴别。用手握住鱼体腹部，稍一用劲，肛门扩张，生殖孔（也就是肉眼能看清的第二个孔）能随之扩张的是雌鱼，不能扩张的是雄鱼。在幼鱼时期（全长 5 厘米以下）外表特征不明显，而全长达 5 厘米以上的个体，可以从体外的泌尿生殖孔的数量加以区别：雌鱼腹部的臀鳍前方有 3 个孔，而雄鱼只有 2 个孔。发情期的雌雄可以通过体色区别，雄鱼的体色（头部、尾部和背部颜色变红）较雌鱼体色鲜艳。

②催产。选择成熟度较好的亲鱼对催产十分重要。常见的催产剂有鱼脑垂体（PG）、绒毛膜促性腺激素（HCG）。每千克亲鱼用 PG 5～6 毫克，或 HCG 1 000～1 200 国际单位，或 PG 3 毫克＋HCG 800 国际单位。雄鱼剂量减半。以一次注射为宜。若采用两次注射，第一次剂量为总量的 30%，余量间隔 9～14 小时注射。

③亲鱼的选择和放养。选择无病、无伤和体格健壮的亲鱼，规格应为 150～450 克，雌雄比以 2：1 或 3：1 为宜。每平方米孵化池适宜投放 6 尾亲鱼。同时注意每隔 3～5 天加注新水，排放旧水，保持清新水质和高溶解氧。发情的雄鱼会打窝筑巢，窝像一个鸟巢，直径为 30～40 厘米，深度约 10 厘米。雄鱼完成筑巢会挑逗雌鱼并完成配对。当水温上升到 22～23℃时，雌鱼就能产卵。雌鱼产卵时，其腹部靠近窝底，雄鱼守在窝旁，雌鱼排卵后立即将卵子吸入口内，下颌鼓突起呈囊状。雄鱼随即入窝排精，雌鱼又将精液随水吸入口内，卵子在口腔内受精。水温在 30℃左右时，4～5 天孵化出苗，25℃时约需 7 天。孵化出苗后要用疏网将孵化池中的亲鱼捞走，放回亲鱼池继续养殖培育。

2. 生长和繁殖习性

尼罗罗非鱼的性成熟年龄为 5～6 个月，适宜的温度、优质的营养条件会加速其生长；反之，则对生长不利。雄鱼的体重增长比雌鱼要快得多，尤其是性成熟之后。究其原因，主要是雌鱼产卵周期较短，只有 30～60 天，生殖消耗大量的能量，用于生长的能量减少，而且在孵化和含幼的阶段不摄食，只消耗体内营养。

尼罗罗非鱼的繁殖阶段可以分为五个时期，第一个时期为产卵前，当水温在 20℃以上时，雄鱼会在浅水区开始先挖坑筑窝，但鱼窝也不是产卵的必要条件，在水泥池和水族箱内不筑窝也能繁殖。当鱼群中有成熟的雌鱼时，雄鱼前往挑逗，并完成配对。第二个时期为产卵时，雌鱼于发情的高潮在巢的中央产卵，雄鱼在一旁。当雌鱼产完卵时，雄鱼同时排出精子。精子和卵子一齐被雌鱼含入口中，这样的过程分 4～6 次完成，花费 15～30 分钟。此后，口含鱼卵的雌鱼游至池中央活动，雄鱼继续守窝。第三个时期为孵卵、含幼阶段，尼罗罗非鱼雌鱼在口中孵卵、育幼。在此过程，雌鱼保持不摄食。随着雌鱼的呼吸，鱼卵在口腔内上下内外地翻动，为鱼卵提供足够的溶解氧。鱼卵呈黄褐色，状似梨，直径为 2～2.5 厘米。当水温为 25～29℃时，约需要 100 小时，鱼苗即可被孵出。刚孵出的鱼苗，比较嫩弱，仍需在雌鱼口腔中，以卵黄囊为营养。第四个时期为护幼阶段，随着卵黄囊逐渐变小，幼鱼也开始尝试离开雌鱼。在浅水区雌鱼将幼鱼从口中吐出，并开始摄食。此时的幼鱼在雌鱼的保护下，稍有惊动，雌鱼就竖起背鳍，撕咬入侵者，或将幼鱼含入口中。在环境安全时，雌鱼将幼鱼从口腔吐出。这个过程持续到出膜 5～6 天，这时鱼苗体长约为 1.5 厘米。第五个时期幼鱼离开雌鱼，随着鱼苗活动能力逐渐增强，其背鳍后端出现明显的半月形黑色斑点时，雌鱼口含幼鱼行为减少。幼鱼被惊动后不再聚集，开始四处游散。幼鱼离开雌鱼后，雌鱼回到深水区。幼鱼在出膜后 15 天左右离开雌鱼。

二、巴沙鱼

巴沙鱼（博氏鲶，*Pangasius bocourti*）隶属鲇形目、巨鲶科、巨鲶属（图 4-2）。巴沙鱼为东南亚特产淡水鱼类，是东南亚国家重要的淡水养殖品种。该鱼蛋白质成分丰富，营养价值高，且肉质细嫩，味道鲜美，是一种高档经济鱼类，深受养殖者和消费者喜爱。巴沙鱼生长速度快，苗种经一年饲养可达 500～800 克，最大个体可达 15 千克。该鱼在生长过程中，腹腔内积累有三块较大的油脂，约占体重的 58%。

近年来，黄冈市英山县水产局技术推广站在湖北省水产科学研究所专家的联合攻关和指导下，对该鱼的生活习性、生殖生理、脂肪代谢及人工繁殖等进行了广泛的研究和实践，利用当地优质的地热资源成功地进行了巴沙鱼的人工繁殖，解决了催产、人工授精、出苗和养

殖等关键技术难题，为该鱼的规模化发展奠定了基础。

图 4-2　巴沙鱼
(引自 Walter，1996)

(一) 巴沙鱼的生物学特征

1. 形态特征

巴沙鱼的外形与我国珠江水系产的白骨鱼极为相似，身体比较肥满，头宽大于头长。头较小且扁平，额宽，肉厚无鳞；口小，下位，不能伸缩，主牙为三角形；额须小，长度可到达眼。巴沙鱼眼径大，腹大而圆，身体后部较窄，尾柄较长。其背鳍棘有锯齿，背鳍后缘有一小脂鳍。背部体色呈银灰色，向腹部逐渐变为银白色。

巴沙鱼的消化器官分为口、齿、胃和肠。其胆囊比较大，肠较短且直。在自然条件下，其肠道的长度一般为体长的1.1倍。在养殖条件下，其肠道的长度比较长，为体长的1.5～2.24倍。

2. 生活习性

巴沙鱼长年生长在湄公河流域中，也能在盐度不高的咸淡水中生活。该鱼喜群集，常活动于上、中层水层，对水中溶解氧的要求较高，一般要求生活水体溶解氧为3毫克/升。其最低耐受温度为10℃，最适生长温度为25～30℃。该鱼在集装箱式养殖中没有明显的领地占领行为，适合集装箱集约化养殖。

3. 食性

巴沙鱼为杂食性鱼类。偏植物食性，同时也摄食小鱼虾和螺蚌，对饵料蛋白质含量的需求为20%。养殖时主要投喂杂鱼、鱼粉、米糠、南瓜、菠菜等，或投喂人工配合饲料。

（二）巴沙鱼的人工繁育

1. 亲鱼的选育

性腺成熟的雌亲鱼腹部膨大丰满，松软而有弹性，生殖孔微红；雄亲鱼生殖窦突出 0.5～1.0 厘米，色泽红润，轻压腹部有精液流出。由于该鱼腹腔内有三大块脂肪团，使得腹部较大，导致在繁殖季节易误认为该鱼达到性成熟。在鉴别亲鱼是否性成熟时，应检查卵子质量和卵径大小。巴沙鱼产黏性卵，卵粒小，怀卵量大。成熟卵块有黏性，卵粒为淡橘黄色，饱满，入水后有光泽，卵粒大小均匀，卵核偏离中心。一尾 4～5 千克的雌鱼可产卵 15 万～20 万粒。

在天然条件下，巴沙鱼产卵场主要在柬埔寨和泰国境内，产卵季节一般在 8—10 月，产卵适宜温度为 23～34℃。在人工饲养条件下，巴沙鱼难以达到性成熟。特别是雌鱼，饲养 4～5 年的亲鱼在产卵季节卵巢成熟系数不到 5%，其体内占体重 8% 左右的脂肪影响了该鱼的人工繁殖，故用于人工繁殖的亲鱼主要来自天然捕捞。在人工培育亲鱼时应注意控制其生长环境的水温、溶解氧和水流速度。冬季水温控制在 16℃ 以上，其他季节控制在 20℃ 以上，保证在整个培育过程中的溶解氧充足。巴沙鱼属大江、大河里的野生鱼类，需逆流而上产卵，水流是性成熟发育的重要因素，故可采取流水刺激来促进性腺发育。

2. 人工催产

5 月底到 6 月初，当水温达到 25℃ 以上时，可挑选体质健壮的成熟亲鱼进行催产。雌雄比例为 2∶1。催产剂采用促性腺激素释放激素（GnRH）或者 HCG，剂量一般为每千克鱼体重 50 微克。有时促黄体素释放激素（LHRH）也可用作催产剂，剂量一般为每千克鱼体重 20～30 微克，催产率可达到 79%～85%。催产时，雌鱼采取二次注射。第一次注射 3/4，12 小时后再注射剩余的 1/4。此时也同时对雄鱼进行注射，催产药物同雌鱼，剂量为雌鱼的 1/4。在第二次注射后的 3 小时，要及时检查雌鱼的情况，以确定产卵时间。待雌鱼出现排卵征兆时，要把亲鱼取出，人工采集精卵，进行干法授精。整个授精过程要避免阳光直射。为解决雌雄亲鱼发育不同步的问题，常采用低温冷冻保存精子。

3. 孵化培育

当水温为 28℃ 时，受精卵经过 20 小时可孵化出膜，孵化率 80%～90%。刚出膜的幼苗体表无色素，体长为 2.5～3.0 毫米。一般沉在池

底，集中在池底四周边角处。孵化出膜 2 天后的巴沙鱼幼苗体色变成灰色，卵黄囊变小，开始平游。仔鱼孵出后的 48 小时内，不需要摄食外界饲料，主要靠卵黄囊供给营养。48 小时后为混合营养阶段，幼苗开口摄食，应及时投喂丰年虫无节幼体、轮虫、小型枝角类等饵料生物，也可投喂一些蛋黄、豆浆等，待幼体稍大一些可投喂动物肝脏、鱼糜或者肉糜。出膜后第 3～7 天幼苗相互捕食现象严重，此阶段一定要保持较高的饵料生物密度。

三、大口黑鲈

大口黑鲈（*Micropterus salmoides*）又名加州鲈（图 4-3），原产于北美洲的淡水湖泊。在分类学上隶属于鲈形目、太阳鱼科、黑鲈属，为典型肉食性淡水鱼类，是重要的游钓鱼类之一。大口黑鲈肉质紧实，肉味清香，很受大众欢迎，十分畅销，价格也相对较高。20 世纪 70 年代引入我国台湾，80 年代初引入大陆，并成功繁育。大口黑鲈生长快、病害少、肉质优良、易驯化，是难得的优良养殖品种。

图 4-3　大口黑鲈

（一）生物学特性

1. 形态特征

大口黑鲈体长而侧扁，呈纺锤状，头大且略长。眼大，眼珠突出。吻长，口上位，口裂大而宽。背肉厚实。全身被灰银白或淡黄色细密鳞片，背脊处颜色较深，呈黑绿色，沿侧线附近常有黑色条带状斑纹。腹部灰白色。背鳍前端有 9 根硬棘，与后端不相连。尾部于侧线处凹进，正尾型，尾柄长且高。

2. 生活习性

在自然环境中，大口黑鲈喜栖息于沙质或沙泥质且混浊度低的静水环境中，尤喜群栖于水质清澈、流速缓慢的水体中。喜欢生活在中下水层，性情温驯，不喜跳跃，易受惊吓。大口黑鲈耐低氧、耐低盐、适温范围广。正常生活的水体中溶解氧应在 4 毫克/升以上，当溶解氧低于 2 毫克/升时，幼鱼出现浮头；大口黑鲈不仅可以在淡水中生活，还能在含盐量 1% 的水体中正常生长；不同大小的鱼有不同的最适温度，成鱼的最适温度为 24～30℃，生长要求的最高和最低温度分别为 36℃ 和 15℃。该鱼在集装箱式养殖中没有明显的领地占领行为，适合于集装箱集约化养殖。

3. 食性和生长

大口黑鲈是一种典型的肉食性鱼类，在不同生长阶段摄食的食物种类也有所差异。幼苗时期主要摄食轮虫和小型甲壳动物，当体长达到 3.5 厘米左右时开始摄食小鱼苗。食物匮乏时，会出现自相残杀的现象。人工养殖条件下，成鱼可投喂鲜活小杂鱼、切碎的冰鲜鱼，驯化后可投喂人工配合饲料。在适宜环境下，其摄食极为旺盛，冬季和产卵期摄食量减少。当水温过低，池水过于混浊或水面风浪较大时，大口黑鲈常会停止摄食。

大口黑鲈生长较快，刚出膜的仔鱼全长 3 毫米左右，26 日龄的幼鱼全长可达 33.8 毫米，体重 0.5 克。当年鱼苗经人工养殖可达 0.5～0.75 千克，达到上市规格。养殖 2 年体重约 1.5 千克，养殖 3 年体重约 2.5 千克。在第一、第二年生长最快，以后逐年减慢。

4. 生殖

大口黑鲈在集装箱的强化培育下，1 冬龄即可性成熟。繁殖季节在 3—6 月，产卵盛期在 4 月中下旬，生殖适宜温度为 18～26℃，最适温度为 20～24℃。体重 1 千克的雌鱼怀卵量为 4 万～10 万粒。卵黏性，但黏着力较弱，脱黏后为沉性。大口黑鲈 1 年内可多次产卵。在繁殖季节，雄鱼会挖窝筑巢，窝巢筑好后，雄鱼于巢中等候雌鱼。交尾时雄鱼不断用头部碰撞雌鱼腹部，雌鱼身体急剧颤动，将卵产出，雄鱼即刻射精，完成受精过程。受精卵黏附巢上，呈淡黄色圆球状，由雄鱼看护，直至孵化出仔鱼。

（二）大口黑鲈的人工繁殖

1. 亲鱼的选择和培育

（1）亲鱼的选择和培育　大口黑鲈 1 冬龄即可性成熟，但是在第

27

二、第三年的繁殖效果更好。选择体重 0.5～2 千克、健康无病、体色鲜艳、游动迅速、体格健壮的成鱼作为亲鱼。雌雄比例为 1∶1，分养。

亲鱼的培育有两种方法：单养和混养。①单养，将大口黑鲈单独养殖在池塘中，选择方便注水排水的亲鱼池，面积 1 000～2 000 米²，水深 2 米左右。每亩投放 75～150 尾；培养 50 尾 5～6 厘米的鳙，以调节水质；投放 5～6 厘米的家鱼幼苗作为饲料。日投饲量为鱼体重的 3%～5%。常更新换水，保持水质清新。②混养，将大口黑鲈与家鱼亲鱼混合养殖。选择面积大、溶解氧高、水质清新、小杂鱼多的亲鱼鱼塘混养大口黑鲈，每亩混养 10～20 尾。产卵期前一个月，将雌雄鱼拉网分开，强化管理，日投饲量为鱼体重的 3%～5%。此种方式培育的亲鱼个体大，产卵量多，但占用池塘面积多，培育过程烦琐。

（2）雌雄鉴别　大口黑鲈的雌雄可以通过体形和生殖孔判断。雌鱼的体形较雄鱼粗短，生殖季节腹部有明显的卵巢形状，尿殖乳突稍凸，有两个孔；雄鱼只有一个，轻压雄鱼腹部有白色液体流出，遇水散开。

2. 产卵繁殖

（1）产卵池的准备　小池塘和水泥池都可以作为亲鱼的产卵池。池塘在使用前用生石灰消毒，并对产卵巢和产卵用具严格消毒。面积 0.06～0.13 公顷，水深 0.4～1 米为宜。池塘要求水质清新，注排水方便。水泥产卵池，面积 30～100 米²，水深 0.4～0.5 米，在池底四周或中间铺设多个用面积为 1 米² 的聚乙烯密网片做成的产卵窝，用石头压住网片的四周，中间铺一层 10 厘米厚的卵石或直接在池底铺设 60 厘米×60 厘米×15 厘米的石头堆作为产卵床，用旧网纱、棕榈和麻袋等作为产卵巢。

（2）催产　常用催产剂为 PG 和 HCG。每千克雌鱼用 PG 5～6 毫克或者 PG 2～3 毫克＋HCG 50～800 国际单位混合使用，雄鱼剂量减半。在繁殖早期，注射两次较好，第一次注射为总量的 3/10，剩余剂量相隔 9～14 小时注射。到了繁殖盛期，注射一次较好。

（3）产卵孵化　注射后的雌雄鱼按 1∶1 的比例放入产卵池中产卵，在水泥池中每 2～3 米² 放一对亲鱼，在池塘中每亩水面放 20～30 对亲鱼。产卵池最好有微流水，水质清新，高溶解氧。催产后，雄鱼筑巢，雌雄鱼自动配对并占据产卵巢。产出的卵黏附在网片或石头上，由雄鱼看守，在此期间要保证产卵池周围环境安静。大口黑鲈的产卵时间较长，甚至能达到3天。亲鱼在产卵池的第5~6天会因为饥饿吞食卵，这个时期要投喂新鲜的鱼虾或将确定产完卵的亲鱼打捞上来。孵化过程中，水泥池要注意避免阳光直射，另外鱼卵要尽量摆布均匀，防止堆积，提高卵的存活率。

四、乌鳢

乌鳢（*Channa argus*），俗称黑鱼（图4-4），又名北方舌头鱼、乌鱼和文鱼等，是鳢科鱼类中个体大、生长快、经济价值高的名贵经济鱼类。乌鳢是一种营养全面、味道鲜美的鱼类，不仅含有高质量的蛋白质，还有铁、锌和多种维生素等人体必需的营养元素。乌鳢的人工养殖始于20世纪60年代，真正的大量养殖在20世纪90年代。随着人们对乌鳢需求的增加，乌鳢也成为广大养殖户青睐的养殖对象。

图4-4　乌　鳢

（一）乌鳢的生物学特性

1. 形态学特性

乌鳢身体呈圆筒状，后部侧扁。头长，头部具不规则鳞片，头尖如蛇头。吻短圆钝，口大，端位，口裂稍斜并伸向眼后下缘，下颌稍突出。牙细小，呈带状排列于上下颌、犁骨和口盖骨上。眼小，居于头的前半部，上侧位，接近吻端。鼻孔两对，前鼻孔位于吻端，呈管状；后鼻孔位于眼前上方，为一小圆孔。鳃裂大，左右鳃膜愈合，不与颊部相连。鳃耙粗短，排列稀疏。鳃腔上方左右各具一有辅助功能的鳃上器。

乌鳢体色呈灰黑色，体背和头顶色较暗黑，腹部淡白，体侧各有不规则黑色斑块，头侧各有2行黑色斑纹。奇鳍有黑白相间的斑点，偶鳍为灰黄色，间有不规则斑点。乌鳢全身被中等大小的圆鳞。侧线

平直。

2. 生活习性

乌鳢是底栖性鱼类，喜栖于水草茂盛的静水或流速缓慢的小河、水库、水田、江河等环境中。成鱼和幼鱼都有避光趋暗的特性，喜栖于水底。乌鳢对水体温度的要求不高，在 0～40℃ 的水体中均能生活，最适温度范围 16～32℃，在 20℃ 以上时生长最快。春季温度回升至 18℃ 以上时，其活动水层移至中上层。由于可以利用鳃上器在空气中获取氧气，乌鳢在无水的条件下可以生存 1 周以上。乌鳢跳跃能力很强，成鱼能跳起 1.5 米高，体长 6.6～10 厘米的鱼能跳起 0.3 米以上。在饲养过程中，要尤其注意防止乌鳢逃逸。该鱼在集装箱式养殖中没有明显的领地占领行为，适合集装箱集约化养殖。

3. 食性与生长

乌鳢是肉食性鱼类，生性凶猛，动作迅速，主要以鲫、虾和蟹等为食。在不同的生长发育阶段，其食物的构成不同。体长 3 厘米以下的乌鳢，以桡足类、枝角类和摇蚊幼虫为食；体长 3～8 厘米，以小虾和水生昆虫为主，兼食一些小型鱼类；体长 8 厘米以上的个体和成鱼，主要捕食对象是鱼类和虾类。值得注意的是，乌鳢有自相残杀的习性，能吞食为自身体长 2/3 以下的同种个体。

乌鳢在 2 冬龄以前生长速度较快。在自然环境里，1 冬龄的个体可达 25 厘米左右，2 冬龄的个体可达 35 厘米，3 冬龄的个体则可达 2～2.5 千克。乌鳢的生长速度与温度及食物的丰富度有直接的关系，水温在 20℃ 以上时生长速度最快，夏季水温高、食物丰富时最有利于生长，但当水温低于 15℃ 时几乎停止生长。

4. 繁殖特性

乌鳢繁殖季节一般在 5—7 月，5 月下旬到 6 月上旬为繁殖盛期。产卵场所一般选择在避风、水草茂盛、底质为淤泥的浅水区。单配性，即一雌一雄，筑巢产卵。繁殖时期，成熟的雌雄亲鱼常成对地活动于池边水草茂盛处，在水中追逐翻滚，甚至跳出水面，显得特别活跃。筑巢之后，一般在天气暖和、环境安静的早晨和傍晚进行产卵，产卵时雌鱼在巢下游动，徘徊数次，腹部朝上，呈仰卧状，然后摆动身体，徐徐产出卵子；接着雄鱼以同样的方式射出精液，完成体外受精。

卵金黄色圆形，无黏性，浮于水面。乌鳢有护卵、护幼行为。产卵结束后，成对亲鱼伏在巢下或附近保护鱼卵和幼鱼，直至幼鱼长至 10 毫米左右、能自由游泳和独立生活。产卵适温范围为 18~30℃，最适水温为 22~27℃。水温 26℃时，一天半即可孵出幼鱼。乌鳢性成熟年龄因水域纬度不同而不同，在华南地区 1 龄即可性成熟，在长江流域 2 龄才能性成熟。

（二）乌鳢的人工繁育

1. 亲本的选择和培育

亲鱼一般有两个来源：①从自然界中捕获；②从人工养殖的池塘中挑选。亲鱼要求无病、无伤、体格健壮，1 冬龄以上性腺发育成熟的个体。雌鱼以体形肥壮，腹部膨大突出而松软，胸部丰满圆滑，卵巢轮廓明显，生殖孔大而微突为佳。乌鳢的怀卵量与体重通常呈正比关系。体重 0.5 千克的雌鱼怀卵量为 8 000~12 000 粒，体重较大的个体，其怀卵量也较多，但体重超过 1.0 千克的雌鱼受精率反而下降，因而亲鱼个体不宜太大。一般选择体重为 0.5~0.8 千克的个体作为亲鱼。雌雄比为（1~3）：1，注意换水。

选择好的亲鱼，要放到专门的池塘中培育。培育池的面积以 2 亩左右为宜，水深在 1 米以上，排灌方便。以活鱼作为亲鱼的饵料，进行强化培育，日投饵量为其自身体重的 5%~6%。

2. 亲鱼的性腺催熟

催产剂为鲤脑垂体（PG）和绒毛膜促性腺激素（HCG）。使用剂量：雌鱼为每千克体重注射 PG 4 毫克＋HCG 800~1 000 国际单位，雄鱼剂量减半。如亲鱼成熟较好可采用一次注射；一般分两次注射，采用胸鳍注射方法，产卵效应时间比较稳定，第一次注射剂量为总剂量的 30%~50%，相隔 10 小时后进行第二次注射。雄鱼可一次注射，剂量减半。注射后的亲鱼，按 1:1 的比例放入专门的产卵池中，应事先在产卵池中制作好鱼巢，方便亲鱼发情产卵。

3. 产卵孵化

卵可在孵化缸、水泥池、网箱等多种地方孵化，以孵化缸中繁殖效果较好。将孵化缸清洗消毒后，注入新水。然后投放适量的水草用作鱼巢。当亲鱼注射激素后，按雌雄亲鱼按比例放入缸内，用网纱将缸罩住，以防逃脱。效应时间随水温升高而缩短，水温在 22~23℃时效应时间为 27~35 小时；24~25℃时为 24~30 小时；26~28℃时为

18～22 小时。乌鳢产卵需在安静和弱光的环境，若受惊吓会终止产卵。一般开始产卵 12～14 小时后集卵，用面盆带水收集，与此同时要清除未受精卵，按一定量投放在孵化器中进行孵化。

孵化过程在孵化池中进行，其孵化用水经 300 目筛绢网过滤，要求水质清洁、含氧丰富，水温调至 26～28℃。在流水条件下，每立方米水体放 10 万粒左右；静水条件下每立方米水体放 1 万～1.2 万粒，经 30 小时左右，幼体即可孵出。特别注意的是，乌鳢的卵具有浮性，所以在孵化过程中要注意避光。

4. 幼体的培育

刚孵出的乌鳢幼体，全长 3.8～4.3 毫米，头大尾小，形似蝌蚪，运动能力较差，侧浮于水面。其腹腔内有一个较大的卵黄囊，此为幼体的营养源，这段时间内幼体不需投喂饵料，只需每天换水一次。经过 4～5 天，卵黄囊消化吸收完毕后，仔鱼体长已达 8 毫米，开始摄食。此时，培苗池内一定要培育大量的浮游生物，以供仔鱼开口摄食。这时的开口饵料主要以轮虫、小型枝角类、桡足类为主，同时每天换水 2 次，以免缺氧。当苗种经过 20 天左右的培育，全长达 3 厘米时，可开始驯化摄食鱼浆。此时鱼苗开始出现规格上的差异，会自相残杀。所以，一旦发现鱼苗规格不整齐时，便要及时分筛分级处理，以提高出苗率。

五、黄颡鱼

黄颡鱼（*Pelteobagrus fulvidraco*）属鲇形目、鲿科、黄颡鱼属，俗称嘎鱼、嘎牙子、黄姑、黄蜡丁、黄鳍鱼等（图 4-5）。黄颡鱼是我国淡水水体中分布较为广泛的一种小型底层鱼类，在河流、湖泊和水库等水体中能够形成自然种群。亚洲东部及南部，如朝鲜半岛、日本和印度等地有分布。黄颡鱼具有含肉率高、无肌间刺、肉质细嫩，且肌肉中人体必需氨基酸含量高，味道鲜美等优点，在国内外市场深受欢迎，特别是大规格的鲜活鱼供不应求。

（一）黄颡鱼的生物学特性

1. 形态特征

黄颡鱼体长，表面较为光滑，基本无鳞；腹部平直，尾柄细而长；头大且平扁；吻圆钝，口大，上下颌均具绒毛状细齿；眼小，无鳞；

20毫米

图 4-5 黄颡鱼

（引自褚新洛等，2018）

背鳍和胸鳍均有硬刺，体色黄。通常成年黄颡鱼有 4 对鱼须，长短不一。

黄颡鱼鳍式为：背鳍Ⅱ-6～7；臀鳍 16～20；胸鳍Ⅰ-7～9；腹鳍6～7。鳃耙 13～16。体长为体高的 3.1～4 倍，为头长的 3.6～4.5 倍，为尾柄长的 6.2～7 倍，为前背长的 2.5～2.6 倍。头长为吻长的 2.9～3.2 倍，为眼径的 2.9～3.8 倍，为眼间距的 2.1～2.6 倍，为头宽的1.3～1.4 倍，为口裂宽的 2～2.2 倍。尾柄长为尾柄高的 1.1～2 倍。胸鳍内部硬刺发达，具有丰富锯齿，在水下活动中会发出声音，尾鳍呈深叉形。雌雄颜色有很大差异。深黄色的黄颡鱼头上的刺有微毒。背鳍较小，具骨质硬刺，前缘光滑，后缘具细锯齿，起点距吻端大于距脂鳍起点。脂鳍短，基部位于背鳍基后端至尾鳍基中央偏前。臀鳍基底长，起点位于脂鳍起点垂直下方之前，距尾鳍基小于距胸鳍基后端。胸鳍侧下位，骨质硬刺前缘锯齿细小而多，后缘锯齿粗壮而少。

2. 生活习性

黄颡鱼属于温水性鱼类，水温 20～38℃均可生存，25～28℃是黄颡鱼生长最适宜的温度，22～26℃是黄颡鱼繁殖最适宜的温度。黄颡鱼耐低氧能力相对较差，如果水体溶解氧小于 2.5 毫克/升，就会出现部分死亡的现象，水体溶解氧小于 1.0 毫克/升时会因窒息而全部死亡。就酸碱度而言，黄颡鱼习惯于生活在偏酸的环境中，难以适应碱性环境，如果在碱性水体中存活时间过长，会导致黄颡鱼的身体机能出现紊乱甚至死亡，最适合黄颡鱼生活的 pH 为 7 左右。

作为小型鱼类，黄颡鱼生长速度相对较为缓慢，尤其在天然的环

境中，生长速度更慢，人工养殖的速度通常高于野生的3倍，如人工池塘养殖的1龄鱼能够达到200克左右，2龄鱼就能够突破400克。需要注意的是，雌性和雄性的黄颡鱼生长速度相差很大，雄性通常生长速度更快，尤其在突破300克以后，雄性还能够保持较快的生长速度。因此，培育全雄黄颡鱼对于提高黄颡鱼产量有着十分重要的意义。该鱼在集装箱式养殖中没有明显的领地占领行为，适合集装箱集约化养殖。

3. 食性

黄颡鱼是杂食性鱼类，水生昆虫、淡水虾类、浮游动物都是它们的主要摄食对象，其偶尔也会摄食一些小型鱼类，但是不属于凶猛鱼类。黄颡鱼在体长11厘米以前的阶段内，主要摄食浮游动物、摇蚊幼虫及无节幼体、昆虫等。

（二）黄颡鱼人工繁育

1. 亲鱼的选育

黄颡鱼亲鱼目前主要是从江河、湖泊、水库中捕捞，作为亲鱼的个体，要求纯种、个体大、体质健壮、无病、鳍条完整、无损伤且已达到性成熟。首先将捕捞得到的鱼作为后备亲鱼培育，再在后备亲鱼中严格筛选作为繁殖用的亲鱼，专池培养。若选用良种场的亲鱼进行人工繁殖，雌鱼要选择3～4龄的个体，体重控制在100～200克，怀卵量要高，体型要大；雄鱼应该在2～3龄，体重控制在150～400克。亲鱼产前培育最好用专门的池子喂养，并且雄雌分开。

2. 人工催产及授精

人工授精前可于5月下旬待水温稳定在22℃以上时，对亲鱼进行人工催产。可将绒毛膜促性腺激素（HCG）、鱼用促排卵素（LRH-A_2）、地欧酮（DOM）混合使用。剂量随水温、亲鱼成熟度而适当增减用量。注射部位为胸鳍基部，采用连续注射器分2针注射，第1针为雌鱼DOM 1毫克/千克，LRH-A_2 5微克/千克，雄鱼不注射；第2针剂量加倍，加上HCG 1 000国际单位/千克，雄鱼剂量减半，繁殖水温22～24℃，两次注射时间相距18～20小时。第2针注射后将亲鱼以雌雄比5∶1的比例分别放入池中待产，并用微流水刺激促其产卵。

挑选亲鱼时，成熟度好的雌亲鱼腹部膨大、柔软，有弹性，轻压有流动感，生殖孔微红；挖卵可见卵粒大小均匀，呈淡黄色，卵核偏移。成熟好的雄亲鱼体质健壮、个体肥大、体色较深，生殖突长而尖。

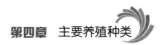

雌雄比为 2.5：1。

当亲鱼达到预定的效应时间，并发现鱼群有发情现象时，可进行人工授精。挤卵前，鱼体应用干毛巾擦干，盛卵盆应保持干燥。挤卵时一手抓住鱼体胸鳍基部，一手压住生殖孔，将鱼体头部稍抬起，用手自上腹部向生殖孔方向轻轻挤压腹部，使卵顺利流出，反复几次，至卵流尽为止。雌雄比例为（5～7）：1。选择个体大、生殖突长1厘米左右的雄鱼，用剪刀从肛门处剪开腹部，将肠道等内脏向头部方向翻起，露出乳白色树枝状精巢，用镊子快速将精巢取出，不要粘有血液和体液。取出的精巢放入干燥的研钵，用剪刀将精巢剪碎，并充分研磨，加入少许 0.55%～0.57% 的等渗液，倒入盛卵盆内，一边用干羽毛搅拌均匀，一边用等渗液冲洗研钵的剩余精液，搅拌精卵 2～5分钟。

3. 孵化

孵化池水深 0.5～0.7 米，采用流水与静水相结合的孵化方式。在水温 25～28℃ 时，从产完卵到鱼苗破膜需要 18～20 小时。先找一面积比附卵板大的水槽，水槽盛满水后，将附卵板平放在离水面下 5～10 厘米，将盛卵盆内的受精卵逐步均匀倒在附卵网板上，操作人员将附卵网板前后左右水平运动，使网板上的鱼卵分布均匀，无结块、无重叠。黏附后的鱼卵放入孵化器内孵化。将黏附受精卵的附卵板移入长方形的玻璃钢孵化槽中孵化，放卵密度约为 5 万粒/米³，并用 0.2 克/米³ 的"霉停"全槽泼洒，预防水霉病的发生；孵化采用微流水加微管充气增氧方式。在水温 22～24℃ 时，黄颡鱼受精卵在 50～72 小时内全部脱膜孵出，刚出膜的幼鱼全长 4.5～5.5 毫米，鱼体呈浅黄色而透明，腹部卵黄囊较大，口下方具有胡须状黏着器，幼鱼主要依赖黏着器黏附于附卵板上，或侧卧于水底，游泳能力很弱，只能靠身体扭动维持平衡；刚出膜的幼鱼靠吸收卵黄囊的营养生活，且有集群避光特性，大多躲在槽底四周的角落里或阴暗的槽边；幼鱼出膜后 72～96 小时卵黄囊消失，此时幼鱼游动活泼，头部、体侧出现花斑状黑色素，消化道畅通，开始平游，可开口喂食，进行鱼苗培育。

六、黄河鲤

黄河鲤（*Cyprinus carpio*），隶属于硬骨鱼纲、鲤形目、鲤科、鲤属

（图4-6）。黄河鲤金鳞赤尾，肉质细嫩鲜美，营养丰富，是我国四大淡水名鱼之一，具有广阔的市场前景。

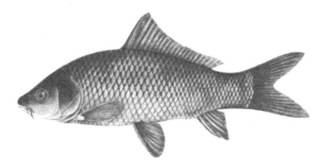

图 4-6　黄河鲤

（引自伍献文等，1964）

（一）黄河鲤的生物学特性

1. 形态学特征

背鳍Ⅲ-15～22，臀鳍Ⅲ-5，胸鳍Ⅰ-14～16，腹鳍Ⅰ-8。鳃耙15～23，下咽齿3行。黄河鲤体长为体高的 2.8～3.4 倍，为头长的 3.2～3.9 倍；头长为吻长的 2.4～2.8 倍，为眼径的 4.4～5.9 倍，为眼间距的 2.3～2.8 倍，为尾柄长的 1.4～1.9 倍，为尾柄高的 2.0～2.5 倍。体侧扁而高，呈纺锤形。体被大圆鳞。侧线完全，侧中位，前部下弯，后部平直。头中等大，眼小，侧上位。口小，马蹄形，口端位或亚下位。口角有须2对，口角须较上颌须粗长，其触须具触觉和味觉的功能。鼻孔每侧2个，距眼较距吻端为近。鳃膜连于颊部。鳃耙较短，呈三角形。下咽齿扁宽，呈白齿状，适于压碎和磨细较硬的食物。鱼鳔发达，分2室，后室末端稍尖。

黄河鲤背鳍基底长，起点略前于腹鳍，距吻端较距尾鳍基为近，末根不分支。鳍条粗壮且后缘具锯齿。臀鳍短，第三根不分支鳍条硬刺后缘亦具锯齿，粗。胸鳍侧位而低，末端不达腹鳍基。腹鳍不达臀鳍，其起点稍后于背鳍起点。肛门靠近臀鳍，尾鳍叉形。

黄河鲤体色随生活的水体环境而有较大的差异，通常为体背灰黑或黄褐色，体侧带金黄色，腹部灰白色，背鳍和尾鳍基部微黑，尾鳍下叶呈橘红色，偶鳍和臀鳍呈淡红色。

2. 生活习性及食性

黄河鲤为底栖性鱼类，喜活动于松软底层和水草丛生处，适应性强。属杂食性鱼类。自然条件下，成鱼摄食螺、蚬、蚌以及昆虫幼虫等，也摄食一定数量的水生植物、丝状藻类和高等植物种子。食物组成有季节性变化：春夏以植物性食物为主，秋季以动物性食物为主，冬季以摄食高等植物种子为主。该鱼在集装箱式养殖中没有明显的领地占领行为，适合集装箱集约化养殖。

（二）黄河鲤人工繁育

1. 亲鱼的选育

选择体形长而高，背厚，头部较小，活动能力强，鳍条及鳞片完整，无病无伤，体色金黄，2龄以上，体重在1千克以上的黄河鲤作为亲鱼。亲鱼经过3年的繁殖，在5龄时其怀卵量减少，鱼卵质量差时即被淘汰。根据孵化量选用面积1～2亩的土池或水泥池。如果是土池，要求不渗漏并对池塘中的杂草和淤泥进行清理，使淤泥不得超过0.1米厚。对池塘的塘坝要进行整理，池塘水深应当达到1.5米。如果是水泥池，要对破损的地方进行修补，保证池塘水深0.2米。每亩用50～75千克生石灰消毒，然后加清水到1米左右。加水时在进水口设置50～80目筛绢过滤。排水时设置拦鱼网。水池上可搭遮阳网，可根据天气情况及时调节光照、水温。对水池进行充气、增氧。在亲鱼产卵期前一个月（3月初，此时水温为10～15℃）将亲鱼雌雄分开放入水池暂养，每平方米放养2～5尾。及时监测溶解氧，控制充气量，保证溶解氧至少达到5毫克/毫升。暂养期间严格控制冲水，达到较长时间保存亲鱼的目的，防止因水温上升或流水刺激亲鱼过早成熟、流产。

2. 人工催产

在非生殖季节，雌鱼体较高，尾柄短而高；胸肌较小，细而软；肛门和生殖孔呈椭圆形，肛门呈红色，向后突起，几乎盖住生殖孔。雄鱼体较矮，尾柄长而矮，胸肌较大而硬；肛门和生殖孔呈尖椭圆形；肛门呈白色，圆形，向内凹陷；生殖孔明显露在肛门后方。在生殖季节，雌鱼腹部膨大柔软，性腺充分成熟时挤压腹部有卵子流出，头部和胸鳍表面无珠星，用手摸时感觉光滑。雄鱼腹部较背部狭小而硬。性腺充分成熟时，轻挤腹部有白色精液流出。头部和胸肌表面有珠星，用手摸时有粗糙的感觉。催产季节一般是看水温和亲鱼的成熟情况而定。根据催产试验，黄河鲤亲鱼一般在4月下旬大部分成熟，一般在日平均水温达到18℃以上的5月上旬开始催产。水温在22～26℃时是黄

河鲤大量产卵的时期。将成熟亲鱼腹部向上，会看到腹部膨大、两侧明显突出的卵巢轮廓。用手轻摸腹部，特别是后腹部，柔软而有弹性。生殖孔松弛，略呈红色。轻挤雄鱼后腹部两侧，有乳白色的精液流出，精液浓厚，进水后迅速散开为好。注射时应选择天气晴朗、水温 20℃以上的日子，在 14:00 前后注射催产激素，每千克雌鱼可用促黄体素释放激素类似物 5～10 微克和地欧酮 1 毫克，雄鱼剂量减半。注射液用生理盐水配置，注射液用量每千克鱼体重 1～2 毫升。在繁殖初期，成熟度稍差，水温低时注射剂量可偏大一点；亲鱼成熟度好，催产盛期和水温高时，注射剂量可低一些。方法为体腔注射，竖起胸鳍，从胸鳍基部内侧凹沟插入针头，向头方向以 45°入针，慢慢注入，注射完毕迅速拔出针头，将针眼用手指稍揉一下以免注射液流出，然后将鱼放入产卵池。注射后可用流水刺激，注射后 8～14 小时鱼发情产卵。

3. 孵化

人工供给的附卵物称鱼巢，受精卵附着其上孵化。附卵物主要是各种水草、杨柳树根和棕榈皮（后两者须用水煮过再晒干）、水浮莲和凤眼莲等。经药物浸泡消毒后均可用于制作鱼巢。以棕榈皮为例，先将棕榈皮的外层光滑皮膜打碎去掉，再用 3% 的食盐水在缸内浸泡 24小时进行消毒，洗净晒干，处理好的棕榈皮每 3 片捆成一扎，从基部捆扎。再把扎好的鱼巢绑在线丝上。扎间距离为 30 厘米。鱼巢多采用环列式，即用竹竿扎成边长为 2 米的正方形，中间扎一根竹竿呈"曰"字形，然后将棕榈皮或水草扎在竹竿上，使其密度均匀，落水后要自然散开，便于卵子黏着。打过催产剂后，把亲鱼放入网箱中，每个网箱放 10～15 组亲鱼，四周伸展，用硬物压住，使网箱展开。当雌雄亲鱼相互追逐后，仔细检查亲鱼，待发育良好时，将产卵的亲鱼挑出。以干法授精为例，将亲鱼捞起，一人把住头部，头朝上，尾朝下，用手堵住生殖孔，防止卵流出；另一人握住尾柄，并用干净的毛巾将鱼体擦干净。随后把生殖孔对准收卵容器（油性的塑料盆或者瓷盆），用手轻轻挤压腹部，每次操作 2～3 尾，收集 20 万～40 万粒卵。然后用同样的方法将精液挤于鱼卵之上，立即用手（干毛巾擦净）或羽毛搅动20～30 秒，使精卵充分均匀接触，授精。采用无污染的机井水，pH 7～8，水质清澈，不浑浊。放卵前将水曝气 5 小时。在离池 1～1.5 米的地方固定好鱼巢，使鱼巢沉在水面 5 厘米以下。把受精卵均匀地撒在鱼巢上，受精卵依靠其自身的黏性附着在鱼巢上。每个鱼巢可附着受精卵 10 万～15 万粒，受精率基本可达到 95% 以上。孵化池中采用纳米管充气，调节充气量以形成微水流，保持溶解氧在 5 毫克/升以上。使充气均匀，不伤鱼卵。孵化过程中每天换水 1/4～1/3，水深控制在 50 厘米以上，水温 20℃，约 90 小时鱼苗出膜。出苗后要及时观察，监测溶解氧。

七、鳜

鳜（*Siniperca chuatsi*），又称桂花鱼、季花鱼、桂花等（图 4-7）。在我国南北大多数地区均有分布，作为一种典型的肉食性凶猛鱼类，在多数水库、湖泊中对家鱼的养殖产生不小的威胁。鳜富含人类必需的多种氨基酸，营养价值极高。随着人们对高生活品质的追求，鳜的养殖越发受到重视。

图 4-7　鳜

（一）鳜的生物学特性

1. 形态特征

鳜体高而侧扁，鳞小圆状。头大呈锥形，前端口大，口裂微斜。眼大，居侧上位。前鳃盖骨后缘均有小齿。头部后端轻微隆起，腹部鼓起。背鳍基长，前部有 12 根尖硬的棘，后面是软棘。胸鳍圆形，腹鳍近胸部，尾鳍近圆形，奇鳍上均有褐色斑点连成的条纹。体色褐黄，腹部灰白色，体侧有不规则的棕色斑块及斑点。一条黑色带状纹路从吻端经眼一直到背鳍下方，背鳍后方有一条明显的褐色垂直条纹。

2. 生活习性

鳜一般栖息在静水或流速缓慢的水体中，喜在湖底凹陷处侧躺，

在水草茂盛的湖泊中多见。冬季在深水处静待越冬，幼小鳜可见于浅水草丛中。春季，鳜游至浅水区觅食打洞。5—7月的生殖季节聚集在产卵场产卵。该鱼在集装箱式养殖中没有明显的领地占领行为，适合集装箱集约化养殖。

3. 食性

鳜作为凶猛性鱼类，在摄食阶段主要以其他鱼类为食。鱼苗出膜4～5天后，卵黄囊消失时，鱼苗直接从内源性营养转变为外源性营养，摄食和自身长度一致的其他鱼类幼苗。在幼鱼阶段主要以虾和鳑鲏为食，当饵料不足时，鳜会相互捕食。随着鳜的生长，其营养结构逐渐转变，当长至25厘米时，主要以鲫、鲤等大型鱼类为食。气温下降时，鳜会降低摄食强度，因此在6—7月摄食强度最大，冬季最小。

4. 生长和繁殖

在不同的水体环境中，鳜的生长速度不同。人工精养的池塘中，在水质优良、溶解氧和适口饲料充足的条件下，1龄鱼可以达到1 400克，2龄鱼2 500克。雌雄鱼的生长阶段不同，1龄之前雄鱼生长较快，1龄之后雌鱼体重的增加超过雄鱼。

鳜的生殖季节在5—7月。雄鱼一般一年性成熟，雌鱼往往两年才开始性成熟。最小的成熟雄鱼体长15.6厘米，体重不足100克；一般成熟雌鱼的长度不会小于25厘米。鳜一般在流水环境中产卵，产卵时间多为晚上。卵分批产出，卵径约2毫米。卵为漂流性卵，不透明，卵的密度大于水，在静水中会沉于水底。孵化期一般需要3～4天。

（二）鳜的人工繁殖

1. 亲鱼的来源和培育

用于繁殖的亲鱼一般体重在1～2千克，身体健康、体形较好。雌雄比例最好是1∶1。鳜亲本在运输过程中容易受伤，因此，选择池塘精养或者是在湖泊中打捞后短途运输的亲鱼为宜。

亲鱼的强化培育是将鳜单独置于面积1 000～2 000米^2、水深1.5米的培育池中，投喂充足的饵料（活鱼虾），经常换水，保持清新水质和高溶解氧。套养培育可分为亲鱼池中套养成鱼和亲鱼池中套养夏花两种。亲鱼池中套养500～1 000克的成鱼，每亩套养40～50尾，野杂鱼的重量应接近亲鱼的重量，不足则另投饵料。亲鱼池内套养4厘米左右的夏花，每亩套养30尾左右，鳜仅以池内的野杂鱼为食，不再另投饵料。养至年底的成活率在80％，可作为储备亲鱼。

由于活饵料的成本较高，套养培育的接受度更高。在亲鱼的日常管理中，要保持水质优良，高溶解氧，尤其在气压较低的天气情况下，要防止亲鱼因缺氧而死亡。在卵巢生长发育的季节，每天定期冲水1小时左右，提高鳜的摄食率，刺激性腺发育。

2. 人工繁殖

（1）催产亲鱼的选择及催产季节　雌雄鳜的下颌前端形态不同，雌鱼呈圆弧形，雄鱼呈三角形。雌鱼有生殖孔和泄殖孔，雄鱼合为一孔。成熟雌鱼腹部有明显的卵巢轮廓，生殖孔和肛门稍红，微突出。成熟雄鱼有白色精液流出，入水散开。人工培育下，卵巢成熟稍早，在5月初就可以催产。若催产时间晚，在拉网中，鳜受惊，性腺退化，催产易失败。

（2）催产剂的使用　催产最适温度为25～28℃。有两种催产方法：①PG、HCG、LRH-A三种激素混合，每千克雌鳜2毫克PG＋800国际单位HCG＋50～100微克LRH-A。②DOM、LRH-A，每千克雌鳜5毫克DOM＋100微克LRH-A。所有用量，雄鱼减半。用生理盐水制成悬浊液，现配现用。鳜催产可以一次注射，也可以二次注射，方法同家鱼的催产。

（3）产卵　注射过催产剂后，放入产卵池中，每隔2小时冲一次水促进产卵。亲鱼将卵产在吊放于产卵池上的干净棕片上，这个过程比较持久，大概会持续6个小时，微小的水流将卵冲入水中。在产卵过程中不要急于排水收卵，鳜的性腺成熟程度不一致，要稍等成熟度低的亲鱼产完卵再收，会提高亲鱼的催产率。

（4）受精卵的人工孵化　受精卵人工孵化多用孵化桶和孵化缸。由于鳜的卵含有油膜，易沉于水底。一般容量200千克的孵化桶适合放置15万～20万粒，是家鱼的1/3或1/4。孵化时要保证水质清新，溶解氧充足。水流量比家鱼的要大。孵化时的水温要尽量维持在22～28℃。在孵化期间，受精卵易感染水霉，尤其是在鳜的孵化期较长的情况下。为防止水霉，一般在孵化前对受精卵进行消毒。具体方法：0.3％的甲醛浸泡20分钟；0.5％～0.7％的食盐水浸泡5分钟。

水温在20.2～22.4℃时，受精卵经6小时40分钟完成卵裂，44小时心脏有搏动，3～4天出膜。3天后，幼鱼卵黄囊消失，长出尖锐的

牙齿，由内源性营养变为外源性，捕食与身体等长的其他幼苗。

八、草鱼

草鱼（*Ctenopharyngodon idella*）属鲤形目、鲤科、雅罗鱼亚科、草鱼属。又称草鲩、混子、油鲩、鲩鱼、白鲩、草根等，是我国"四大家鱼"之一。草鱼是典型的草食性鱼类，肉厚、刺少、味鲜美，出肉率高。草鱼自然分布于我国东半部的中蒙俄三国交界的黑龙江流域至珠江流域的江河干流和大支流中，其中黄河可上达汾渭盆地，长江可上达岷江及金沙江下游，珠江可上达全州、都安及百色等，其分布区域占据我国大半个版图。首次成功人工繁殖草鱼是在1962年，之后，草鱼养殖规模逐步增加，20世纪80年代开始增速明显加快。2007年草鱼养殖产量超过鲤，跃居单物种产量全球第一位，成为世界上淡水养殖最重要的鱼类。2020年我国草鱼产量达557万吨，位居淡水鱼产量第二位，主产区为湖北、广东、湖南、江苏等省份。

图 4-8 草鱼

（引李家乐等，2019）

（一）草鱼的生物学特性

1. 形态特征

草鱼体色青黄色，背部青灰色，腹部灰白色，胸鳍和腹鳍灰黄色。草鱼体延长，呈亚圆筒形，腹圆无棱。眼间距宽大隆起。吻部稍钝。眼较小，口端位，无须，上颌稍突出于下颌，下颌较短。鳃膜连于峡部。背鳍短，无硬棘，起点与腹鳍相对。尾柄长大于尾柄高。侧线较平直。鳞片颇大。咽齿梳状，两侧有缺刻，2行。鳔大，分两部分。

2. 生活习性

草鱼一般喜栖居于江河、湖泊等水域的中下层和近岸多水草区域。在初春和深秋季节在中下层活动为主，夏秋季节则游至中上层觅食。具河湖洄游习性，性成熟个体在江河流水中产卵，产卵后的亲鱼和幼鱼进入支流及通江湖泊中育肥。白天活动较少，夜间会游到水上层和岸边觅食。生性好动，游泳迅速，常集群活动。

3. 食性

草鱼通常集群觅食，性贪食，常边食边排粪，为典型的草食性鱼类。其鱼苗阶段摄食浮游动物，幼鱼期兼食昆虫、蚯蚓、藻类和浮萍等，体长达 10 厘米以上时，完全摄食水生高等植物，其中尤以禾本科植物为多。草鱼在水温 7℃以上开始摄食，草鱼摄食的植物种类随着生活环境里食物基础的状况而有所变化。

(二) 草鱼的人工繁殖

1. 亲鱼的选择

繁殖用亲鱼应选择 4 龄以上，体重 5 千克以上的体质健壮、发育成熟，体型好、生长快、无内外伤和病症的个体。将亲鱼放入 2～4 亩、水深 1.5～2.5 米的亲鱼池培育。每亩放养亲鱼 100～125 千克为宜，一般为体重 6～8 千克的草鱼亲鱼 15～27 尾，混养 1～2 组鳙。草鱼雌、雄亲鱼比以 1：1.5 为好。

2. 人工催产及授精

亲鱼捕捞前停食一天。捕捞后将雄鱼亲鱼腹部朝上平躺于水面，用手沿着腹部轻轻挤压，挤出的精液在水中能慢慢散开则表明亲鱼成熟度较好。雌鱼亲鱼选择腹部较大的个体。以雌雄 1：1 比例或雄鱼多于雌鱼 1～2 尾的数量配组，并将选择好的雌雄亲鱼放于事先清洗好的产卵池中。人工注射催产剂，催产剂一般选择促黄体激素释放激素类似物 (LRH-A)，雄鱼注射剂量为雌鱼的一半。配制催产注射液时用生理盐水 (氯化钠溶液) 做稀释液。亲鱼开始陆续发情产卵后开始受精/人工授精。

自然产卵受精是注射催产剂后将雌、雄亲鱼按照 1：(1～1.5) 的比例放入产卵池中。在效应时间未到达之前，用一定量流水刺激亲鱼；在效应时间到达时，将流水改为微流水状态，让亲鱼自然产卵、排精，在产卵池中完成整个受精过程。

人工授精主要采用干法人工授精。干法人工授精是将普通脸盆擦干，然后用毛巾将捕起的亲鱼和鱼夹上的水擦干，将鱼卵挤入盆中，并马上挤入雄鱼的精液，然后用力顺一个方向晃动脸盆，使精卵混匀，让其充分受精。然后用量筒量出受精卵的体积，加入清水，移入孵化环道或孵化桶中孵化。

3. 孵化

草鱼受精卵孵化常用设备有孵化环道、孵化缸、孵化桶等。受精卵的人工孵化采用流水孵化法，即通过流水冲击，使鱼卵和孵出的鱼苗漂荡水中。孵化桶每 1 米³ 水放 130 万～270 万粒受精卵；孵化环道放卵密度较稀，每 1 米³ 水放 40 万～120 万粒受精卵。孵化期间要做好水质管理，调控好水温在 22～28℃，保证溶氧量在 4 毫克/升以上。注意清除死卵，防止水霉感染。防止阳光直射，并且及时清除敌害生物。

第二节　海水鱼类

一、海鲈

海鲈（*Lateolabrax maculatus*）又称日本真鲈、七星鲈、花鲈、青鲈、板鲈等（图 4-9），隶属硬骨鱼纲、鲈形目、鮨科、花鲈属。海鲈是东北亚的特有种类，主要分布于我国黄海、东海、南海、台湾北部及西部海域，以及日本沿海。海鲈肉质细嫩、味道鲜美、形态优雅，深受普通消费者的喜爱。海鲈能够在海水、半咸水及淡水中养殖，市场前景广阔。

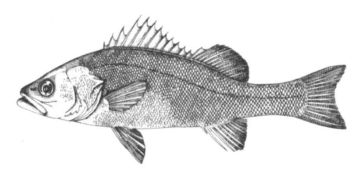

图 4-9　海　鲈
（引自 Kim，1997）

（一）海鲈的生物学特性

1. 形态特征

海鲈的鳍式为：背鳍Ⅻ，Ⅰ-12～14（一般为13）；臀鳍Ⅲ-7～8；腹鳍Ⅰ-5；尾鳍17，侧线鳞72～80。体延长，侧扁；背腹缘皆钝圆，体长为体高的3.3～3.8倍，为头长的3～3.1倍；头长为吻长的3.3～3.4倍，为眼径的4.5～6.6倍。吻较尖。眼中大，上侧位，靠近吻端。眼间隔宽，大于眼径。鼻孔两个，圆形，紧相邻，位于眼前缘，前鼻孔具鼻瓣。口大，倾斜，下颌长于上颌，上颌骨后端扩大，伸达眼后缘下方。两颌牙细小，呈带状，犁骨及腭骨具有绒毛牙，舌上无牙。前鳃盖骨后缘具细锯齿，隅角处锯齿大，下缘有3棘，鳃盖骨棘扁平。鳞小，栉状齿弱，排列整齐；头部除吻端及两颌外皆被鳞；背鳍及臀鳍基底被低的鳞鞘；侧线完全，平直，沿体侧中央伸达尾鳍基底。背鳍两个，仅在基部相连；第一背鳍鳍棘发达，背鳍鳍棘一般为13个，第五与第六鳍棘最长，最长鳍棘长于最长鳍条；第二背鳍具鳍棘，12～14鳍条，第二背鳍基底较第一背鳍基底为短。臀鳍具有3鳍棘，7～8鳍条，起点位于背鳍第六鳍条下方，第二鳍棘最强大。胸鳍较小，位低。腹鳍位于胸鳍基下方。尾鳍分叉。体背灰青色，背侧及背鳍鳍棘部散布若干黑色斑点，斑点数量常随年龄逐渐减少。腹部灰白色。背鳍鳍条部及尾鳍边缘呈黑色。

2. 生活习性

海鲈属广盐性鱼类，喜好栖息于河口的陆地水汇入大海的咸淡水区，所以黄河入海口地区泥沙沉降、海礁丛生的特殊自然环境成为海鲈的重要栖息地，也是我国野生海鲈的主产区。海鲈在盐度0～34的条件下均可生长，最适生长盐度范围2～20，盐底低于2和高于20的条件下生长发育变慢。温度耐受范围为0～38℃，最适生长温度为16～27℃，在12℃以下或28℃以上时摄食强度减弱，7℃以下时几乎停止摄食。海鲈可耐低氧，但在高密度养殖条件下为达到高产的目的，要求溶解氧在4毫克/升以上。该鱼在集装箱式养殖中没有明显的领地占领行为，适合集装箱集约化养殖。

3. 食性

海鲈属肉食性鱼类，食欲旺盛。成鱼主要摄食枪乌贼、鹰爪虾、新对虾、褐虾、糠虾、磷虾、鳗、虾虎鱼等。幼鱼长2～3厘米时，以

糠虾和端足类（如钩虾）为主食；14～20厘米时以虾类为主食，也摄食一些小型鱼类；17～30厘米时，以鱼类为主食，兼食一些大型虾类。

（二）海鲈的繁育

1. 亲鱼的选育

海鲈亲鱼有两种来源。一是捕获自然界野生亲鱼，二是选择人工养殖的鱼作为亲鱼。现在自然界野生亲鱼来源非常少，因此人工养殖鱼是目前进行人工育苗生产亲鱼的主要来源。所选亲鱼需体质健壮，体型、色泽优良，且生长速度较快。海捕亲鱼雌鱼年龄要求3龄以上，体重3千克以上；雄鱼2龄以上，体重2千克以上。养殖亲鱼雌鱼年龄要求4龄以上，体重5千克以上；雄鱼3龄以上，体重3千克以上。雌雄性比以1∶（2～3）为宜。网箱养殖亲鱼较野生捕捞的亲鱼有以下两方面优点：①亲鱼已经适应了人工养殖条件，野性有所减退，有利于繁殖操作；②网箱养殖亲鱼的营养调控可以人工控制，有利于亲鱼性腺发育和人工繁殖。

亲鱼在繁殖前需要进行强化培育。要求水体大，水温要逐步调至接近自然状态下的产卵温度。海鲈属短日照型的产卵鱼类，随着日照的缩短性腺逐渐发育，通过人工控制温度可以改变其产卵时间。海鲈繁殖时盐度应控制在22～33。暂养期间亲鱼对饵料营养要求较高，前期投喂鲜杂鱼，日投喂量为鱼体重的2%～3%，维持亲鱼摄食习性与营养平衡。如果有海鲈亲鱼专用饲料，在暂养后期适当投喂，以便进行强化培养。暂养期间定期检查亲鱼成熟度、活动情况、摄食情况等。对于性腺发育较差的亲鱼，适当注射激素进行促熟，注射剂量可参考试剂说明书进行。

（1）冬保　冬季对即将产卵的亲鱼，要加强保护，避免受伤；对产过卵的亲鱼要加强护理，使其安全过冬。为此，需保持水温在6℃以上，并不定时投喂少量饵料，以增强亲鱼体质。

（2）春肥　越冬后的亲鱼体质虚弱，随着水温的逐渐升高，应不失时机地加强投喂，提高亲鱼的肥满度。其投饵量一般为鱼体重的5%～10%。

（3）夏育　夏天水温高，亲鱼摄食量减少，而此时正是亲鱼性腺发育的关键时期，即由Ⅱ期向Ⅲ期的过渡时期。此时的饵料供给以高蛋白、高脂肪的鲜活饵料为主，多吃多投、不吃不投，活饵料可略有剩余。

（4）秋繁 进入秋季，水温开始下降至 16～18℃时，正是亲鱼的繁殖季节，除正常的生产管理外，要经常观察亲鱼的摄食情况及体形变化，随时准备进行人工催产。

2. 催产孵化

经一段时间暂养以后，雌亲鱼性腺发育，腹部膨大明显，触摸腹部感觉柔软；雄亲鱼挤压鱼腹，精液已能流出，此时可以进行催产。目前常用的催产激素为促黄体素释放激素（促排卵素 3 号，LHRH-A₃）。通常采用背鳍基部肌肉分次注射的方法进行催产。注射的次数与间隔时间视亲鱼性腺发育的情况而定，可通过观察腹部、挖卵鉴别卵径等方法检查成熟度，雌鱼一般要注射 1～3 次，间隔 24～72 小时，雄鱼一般注射 1 次即可。雌鱼每次注射 LHRH-A₃ 的剂量以 2～5 微克为宜，雄鱼剂量减半或减至 1/4。催产后的亲鱼要专池暂养，以便观察亲鱼的活动情况及腹部的外形变化。南方大多数生产单位采取群体注射激素，以自然产卵的方式进行繁殖，这种方法操作简单，易于管理，适合进行大规模海鲈苗种生产。但是在进行新品种培育和家系建设过程中，往往需要进行亲鱼催熟和催产，便于了解亲本系谱。催产后的效应时间一般为 36～96 小时，当雌亲鱼腹部极度膨大时，要挤卵观察，若卵子游离、晶莹透亮、圆润饱满，吸水后手感富有弹性，即可进行人工授精。先将雌鱼卵子挤入干净的白脸盆内，然后马上挤入雄鱼精液，搅拌均匀使精卵充分混合，静置 1～3 分钟后加适量海水静置 5 分钟，然后用纱窗网滤去受精卵中的污物，再用 60 目筛绢网将受精卵滤出，用海水漂洗数次后将受精卵放入大的容器中加满海水，用抄网捞出上层漂浮的受精卵，计数后进行孵化。经催产以后的亲鱼，在暂养池中给予一定的流水刺激也会自然产卵、排精，受精卵可用 80～100 目拖网收集。

孵化时应该注意盐度和温度的设置；当盐度低于 15 时，孵化出的仔鱼畸形率大大提高；当盐度为 25 时，受精卵孵化率显著提高。因此，孵化过程中应当结合当地实际情况确保盐度在海鲈受精卵孵化可接受的范围之内。

3. 鱼种培养

初孵仔鱼全长 3.53～4.2 毫米，卵黄囊长 1.6 毫米，仰卧水面，依靠尾部摆动在水面窜动，身体较弱，尚未开口。此时可短暂停气，使死卵和未孵化的卵下沉，可通过虹吸去除。初孵仔鱼的放养密度控制在 1.0 万～1.5 万尾/米³ 为宜；全长 1.0～1.3 厘米的鱼苗，培育密度 0.5 万～0.8 万尾/米³ 为宜；全长 1.5～2.0 厘米的鱼苗，培育密度 0.3 万～0.5 万尾/米³ 为宜；全长 2.0～3.0 厘米的鱼苗，培育密度 0.2 万～0.3 万尾/米³ 为宜。因此，鱼苗的整个培育过程需要分苗 2～3 次。鱼苗前期培育用水水温要为 13～28℃，最适为 17～22℃，光照控制在 3 000 勒克斯以下，盐度为 22～23。后期培育要加大充气量，其他环境因子保持不变。当海鲈鱼苗长到 38 毫米时就会产生互相捕食现象，特别是在饵料不足和大小差异较大时，互相捕食现象更为明显。可通过投足饵料、及时进行分池饲养以及减少放养密度来避免。根据鱼苗的不同发育阶段、口裂大小、摄食量高低，适时投喂适口充足的饵料，以保证鱼苗正常发育与健康生长。在海鲈育苗中，一般投喂轮虫、卤虫无节幼体，间以投喂桡足类及其幼体、卤虫成体、冷冻鱼卵、糠虾、配合饲料等。

二、卵形鲳鲹

卵形鲳鲹（*Trachinotus ovatus*），俗称金鲳、黄腊鲳、黄腊鲹（图 4-10）。属硬骨鱼纲、鲈形目、鲹科、鲳鲹属。暖水性中上层鱼类，体色金黄，无肌间刺。分布于印度洋、太平洋热带和温带海域。其体型较大，肉质细嫩，味道鲜美，为名贵食用鱼类。目前卵形鲳鲹在海南已人工育苗成功，主要于广东、福建等南方沿海区域养殖。

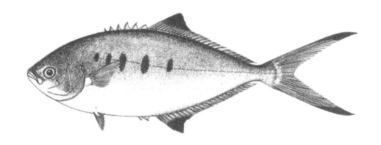

图 4-10　卵形鲳鲹
（引自 Schneider，1990）

（一）卵形鲳鲹的生物学特性

1. 形态特征

卵形鲳鲹鳍式为：背鳍 I （向前棘），Ⅵ，I-19～20；臀鳍Ⅱ，I-17～18；胸鳍 18～20；腹鳍 I-5；尾鳍 17。纵列鳞 135～160。体长 180～740 毫米。体长为体高的 1.7～2.3 倍，为头长的 3.7～4.9 倍。

其体呈卵圆形，纵高而侧扁。头小，枕骨棘明显，头长为吻长的 3.7～4.9 倍，为眼径的 4.5～6.5 倍。吻钝。口小，稍倾斜。前颌骨稍能伸缩。眼较小，位于头中部距吻端较距鳃盖后缘为近。两颌、犁骨及腭骨均具绒毛状牙，但牙随年龄增长而逐渐消失。上下唇生有绒毛状小突起。

其第一鳃弓上鳃耙短而少，两端多退化，鳃耙数为 6+9。体被小圆鳞，因多埋于皮下而不明显。头大部分裸露。第二背鳍与臀鳍基有一低的鳞鞘。侧线前部稍呈波状弯曲，直线部始于第二背鳍第 10～11 鳍条下方。第一背鳍鳍棘短，鱼小时有膜相连，成鱼各棘呈分离状。第二背鳍与臀鳍相对，前部鳍条较长。胸鳍宽短。腹鳍短，位于胸鳍基后下方。尾鳍分叉。体背部呈青灰色，腹部呈银白色，奇鳍边缘呈微灰色。

2. 生活习性

卵形鲳鲹是一种暖水性中上层洄游鱼类，在幼鱼阶段，每年春节后常栖息在河口海湾，群聚性较强，成鱼时向外海深水移动。卵形鲳鲹耐低温的能力不强，耐受温度范围为 16～36℃，生长的最适水温为 22～28℃，水温降至 16℃ 以下时，停止摄食，14℃ 以下会死亡。卵形鲳鲹属广盐性鱼类，在盐度 2～45 的海水中均能生存，适应盐度在 2～23，建议盐度一般不低于 12，而盐度太高其会生长缓慢。该鱼在集装箱式养殖中没有明显的领地占领行为，适合于集装箱集约化养殖。

3. 食性

卵形鲳鲹为肉食性鱼类，头钝，口亚端位，向外突出，稚鱼有小齿，成鱼消失。鳃耙短而稀疏。这些特征使它们便于用头部在沙里搜寻食物。成鱼咽喉板发达，可摄食带硬壳的生物，如蛤、蟹或螺等。仔稚鱼摄食各种浮游生物和底栖动物，以桡足类幼体为主；稚幼鱼摄

食水蚤、多毛类、小型双壳类和端足类；幼成鱼以端足类、软体动物、蟹类幼体和小虾、鱼等为食。

(二)卵形鲳鲹的人工繁育

1. 亲鱼的选择和培育

应选择适龄、体壮、健康的亲鱼，在繁殖季节前 2～3 个月采用营养强化方法促使亲鱼提前成熟并延长其产卵周期。一般选择潮流畅通的网箱养殖区。投放密度：在规格 5.5 米×5.5 米×3.0 米的网箱中放养 4～10 千克/尾的亲鱼 90～100 尾；在规格为 3 米×3 米×3 米的浮动式网箱中放养亲鱼 40～45 尾为宜。一天投喂两次，上午、下午各 1 次，饱食投喂。主要投喂饵料为牡蛎、蓝圆鲹、鳗等，并且添加适量的复合维生素和维生素 C、维生素 E，日投饵量为鱼体重的 7%～8%，促进性腺进一步发育。每日换水 2 次，换水量为 180%～200%。每 2 周定期给亲鱼进行药浴，预防病害的发生。

2. 人工催产和授精

4 月初，当水温升至 20℃左右时，即可挑选经过强化培育的健康亲鱼在渔排网箱中进行人工催产。用 80 目筛绢制成的网箱，套在大网目网箱中，在胸鳍基部一次性注射 LRH-A$_3$ 15～25 微克/千克外加 1.5～2.5 毫克/千克马来酸地欧酮。由于雌雄个体副性征不明显，且成熟雌亲鱼腹部不见膨大，雄亲鱼也不易挤出精液，所以催产时不分雌雄。多在第 1 天上午注射催产，第 3 天凌晨产卵，诱导效应时间为 28～40 小时，随水温和亲鱼性腺发育程度而稍有所延长或缩短。卵形鲳鲹不需人工授精，催产后可在自然条件下产卵受精。

3. 孵化

受精卵用捞网或溢水法收集。受精卵呈浮性，无色，卵径 950～1 010 微米，单油球，油球直径 220～240 微米，有少量受精卵为多油球。在水温 20～23℃、盐度 28 的条件下，胚胎经过 36～42 小时，孵化成仔鱼。孵化适宜水温为 19～30℃，适宜盐度为 27～34，溶解氧为 4～14 毫克/升，pH 为 7.6～8.5。孵化过程中必须保持水质良好，并经常去除水面污膜，换水，以提高孵化率，减少畸形的发生。

仔鱼在室内水泥池孵化后，培育至 1 厘米左右移至室外土池进行二次培育。这种做法的特点是结合室内水泥池（可控）和室外土池（饵料生物丰富）培育的优点：一是初孵仔鱼在室内培育时，成活率大大提高；二是可缩短室内培育周期，加快室内池的周转，实现多批生产；三是可降低生产成本。

三、石斑鱼

石斑鱼，属鲈形目、鮨科、石斑鱼属（图 4-11）。石斑鱼肉质鲜美、营养丰富，是名贵的海水养殖鱼类，受到消费者的广泛欢迎。近年来，石斑鱼养殖业在我国南方沿海地区逐渐发展，养殖规模呈上升趋势。

图 4-11　石斑鱼

（一）石斑鱼的生物学特性

1. 形态特征

石斑鱼体长，呈椭圆形，稍侧扁。口大，具辅上颌骨，牙细尖，有的扩大成犬牙。体被小栉鳞，有时常埋于皮下。背鳍和臀鳍棘发达，尾鳍呈圆形或凹形，体侧有黑色竖状条纹，一般两侧各有 8 条条纹，条纹中间有黑色斑块。

2. 生活习性

石斑鱼是暖水性近海鱼类，多栖息在沿岸岛屿附近的岩礁、砂砾、珊瑚礁底质的海区，一般不成群。根据不同的温度条件栖息在不同的水层，随着温度的上升，栖息的深度也逐渐减小。春夏栖息在 10～30

米的水层，冬季会在 40～80 米的水层。生长的最适温度为 22～28℃，当温度下降到 19℃时，它的活动率和摄食率明显下降；当水温降到 10℃时，仅摄食活的甲壳类；当温度低于 5.6℃或高于 36℃时，出现死亡。石斑鱼耗氧量高，溶解氧在 5 毫克/升时，生长较快，低于 3.5 毫克/升时，易缺氧死亡。石斑鱼适盐范围广，可以在盐度为 10 的海水中生存。该鱼在集装箱式养殖中没有明显的领地占领行为，适合集装箱集约化养殖。

3. 食性和生长

石斑鱼是凶猛的肉食性鱼类，幼鱼阶段的食物以虾蟹等甲壳类为主，体型较小的幼鱼也常被体型大的捕食；在成鱼期以虾、蟹、鱼和有足类为主食。

石斑鱼的生长与环境中的多种因素有关，尤其是水温、摄食量和饵料。在秋冬季节，鱼生长缓慢甚至停滞；春夏季节，生长速度明显加快。石斑鱼的生长还有明显的阶段性，即在鱼苗期生长缓慢，随后加速生长，3 龄之后生长速度减缓。在整个生长过程中要抓住关键时期，强化培育。

4. 繁殖习性

石斑鱼属雌性先成熟型雌雄同体鱼类。石斑鱼的卵巢先开始发育，表现雌性性状；随后发育成精卵巢共存的雌雄同体鱼；最后变成雄性。不同种类的石斑鱼在不同的水域中其性别转变时期不同，一般 3 龄以后开始性成熟，6 龄以前大都为雌鱼，9 龄之后大都是雄鱼。

石斑鱼属多次产卵类型。可以通过体型大小和生殖孔的变化分辨雌雄。雄鱼一般比雌鱼明显大；在繁殖季节，雌鱼的腹部隆起，生殖孔突出。在卵巢中同时具有不同成熟度的卵子，一般连续产卵 5～7 天后，停数天再产卵。不同种类不同纬度的石斑鱼的产卵时间不一样。赤点石斑鱼产卵期在浙江沿海为 5—7 月，福建为 5—9 月，台湾为 3—5 月，广东南澳岛附近在端午节前后为盛期，香港海域为 4—7 月，海南岛沿海为 3 月底至 8 月。鞍带石斑鱼在南海和东海的繁殖季节是 5—8 月；在海南，人工培育的点带石斑鱼在 2—11 月都可以产卵，以 3—6 月最盛。石斑鱼的产卵量在 7 万～100 万粒，主要取决于雌鱼的大小。产出的卵呈球形，具浮性。在 25～27℃条件下，受精卵经 23～25 小时

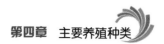

可孵出幼鱼。刚出膜的幼鱼全长 1.5～1.6 毫米，3 天后开始摄食，50天后进入幼鱼期。

（二）石斑鱼的人工繁殖

1. 亲鱼的选育

繁殖亲鱼的来源主要有两方面，从自然水域中捕获和网箱中精心养殖。将获得的亲鱼进行强化培育，选择无病害、体格健壮的亲鱼。雄鱼亲本要求体重在 2 千克以上，轻压腹部有精液流出；雌鱼以体重 0.5～1.2 千克，腹部膨大而柔软为宜。在对亲鱼的选育中，目前的重难点还在雄鱼亲本的获得上，雄鱼达到性成熟需要时间久，而且性成熟的雄鱼往往生活在较深的水层中，给捕获和培育都带来了不小的挑战。因此，人工促使石斑鱼性别转换成了繁殖中的关键。

2. 催产授精

对于性腺发育处于末期还未产卵的雌鱼可以通过注射激素催产。雌鱼每千克体重注射 1 500 国际单位 HCG 或 150 微克 LRH-A；雄鱼剂量减半，注射背部。分两次注射，注射时间间隔 24 小时。一般情况下，经 30～35 小时后，成熟卵子较透明，轻压腹部，有卵子从生殖孔流出，流入授精盆内。用同样的方法将精子挤入授精盆内，用柔软的羽毛轻轻地搅拌，使精子与卵子充分接触。经 5～10 分钟后，受精基本完成，将受精卵置于孵化容器中。受精时温度保持在 24.5～28.5℃，pH 8～8.2，保证水质稳定。

3. 受精卵的孵化

受精卵孵化方法有两种：网箱孵化和直接入池孵化。网箱孵化的卵密度为 30 万粒/米²。孵化的水温为 21～27℃，海水的盐度为 22～31，pH 7.9～8.2，溶解氧为 5 毫克/升。当胚胎出现心跳时，停止充气，移入培育池，或待出膜后，带水移入培育池。直接入池孵化的卵密度为 3 万～5 万粒/米²，水温为 25～26℃。受精到出膜期间的温度需24～25℃。

4. 仔鱼、幼鱼的培育

采用一般的海水育苗，初孵仔鱼放养密度为 1.5 万～3 万尾/米²，稚鱼放养的密度为 0.1 万～0.5 万尾/米²，幼鱼的放养密度为 0.05 万尾/米²。刚孵出的鱼苗以卵黄为营养来源，孵出 3 天后，卵黄消失，开

始摄食。刚出膜的幼鱼应在静水中培育，充气不宜过大。开始摄食后，加大充气量，增加更换水的频率。培育过程中控制水温在 20～30℃，盐度在 20～30，pH 7.8～8.9。出膜 35 天后，减少放养密度，适当增加投喂量，防止相互捕食。

第五章

集装箱式养殖优秀案例介绍

循环水养殖研究始于20世纪60年代末，其中以日本的生物包静水养殖系统最具代表性。我国于70年代后期开始在淡水领域进行相关研究，80年代从国外引进了多套循环水处理设备，90年代中后期相关报道逐渐丰富。进入21世纪，通过集成行业内渔业设备、病害防控和饲料开发等方面的先进研究成果，在借鉴吸收其他循环水养殖模式的基础上，国内研发出了集装箱循环水养殖系统。

集装箱式养殖模式在技术方面共历经三次改革，一代集装箱是由废旧的海运集装箱改造而来，二代集装箱是针对养殖设计的型号适用的单体集装箱，三代集装箱是现在的20英寸集装箱，即陆基推水式和"一拖二"式集装箱。最新一代的陆基集装箱式推水养殖模式更得到了迅速推广，涌现出许多成功案例，本章汇总一些优秀案例，供读者参考。

第一节　集装箱式养殖云南案例

一、基地概况

元阳县呼山众创农业开发有限公司成立于2016年12月，公司累计投资8 900余万元在元阳县南沙镇呼山村流转土地800亩，建设元阳县呼山苗种繁育中心和哈尼梯田现代渔业产业园（集装箱养鱼基地），实现了梯田鱼、梯田鸭（鸭蛋）、梯田红米从产品链到产业链到价值链的升级。同时，公司和中国水产科学研究院淡水渔业研究中心、全国水产技术推广总站、上海海洋大学、云南省水产技术推广站等相关单位开展技术合作，立足哈尼梯田特殊条件和高原特色农业产业，开展"集装箱式养殖平台＋哈尼梯田"的"元阳模式"，即集装箱进行鱼苗标粗后投放到哈尼梯田进行养殖，开展哈尼梯田稻渔综合种养，养殖粪污经收集脱水后进入稻田作为有机肥料使用，实现了渔稻双赢，体现生态效益及社会效益，具备"零排放"、科学性、景观性等特点。图 5-1和图 5-2 为元阳集装箱式养殖基地俯瞰图和现场图片。整个养殖基地位于独立山头，对水资源的依赖程度大大降低。

图 5-1　云南元阳集装箱式养殖基地俯瞰图

图 5-2　基地现场图片

二、系统运行情况

（一）基地建设及生产情况

云南元阳示范基地完成 100 套（配套 40 亩生态池）集装箱式养殖的试验示范，完成罗非鱼养殖试验（2 300 米³），参加技术培训与交流 690 多人次。每箱平均投放罗非鱼苗种 5 000 尾，规格 30～50克/尾，按照项目实施方案的技术要求进行生产管理。如图 5-3 所示的养殖尾水处理工艺简图，尾水经微孔过滤器后进入三级生态塘进行生物处理净化，接着经臭氧消毒杀菌后重回集装箱体，同时利用罗茨风机对集装箱内养殖水体进行增氧。

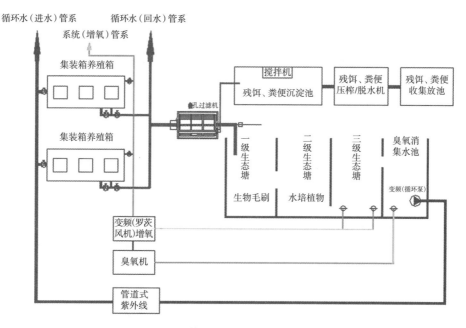

图 5-3　养殖尾水处理工艺简图

（二）现场测产情况

随机选择 2 个罗非鱼养殖箱，其中 2～28 号箱投放鱼苗 5 500 尾，规格 50 克/尾，经过 60 天养殖，取样 30 尾，平均体长 19.7 厘米，平均体重 306.3 克。7 号箱投放鱼苗 4 500 尾，规格 30 克/尾，经过 160 天养殖，取样 30 尾，平均体长 21.3 厘米，平均体重 419.3 克。抽取的样品鱼体质健壮、体表光洁、体色正常。根据示范基地的销售记录，罗非鱼每箱平均产量约 2 000 千克，产值约 2.4 万元。

（三）养殖模式

具体养殖模式操作如下：

苗种培育池培育自繁福瑞鲤——→体长2厘米以上鱼苗在集装箱内培育至5寸*以上大规格鱼种——→30～50克/尾鱼苗，投放在梯田内养殖——→200克/尾以上，捕捞到集装箱内暂养，集中上市。

2—6月集装箱用于鱼苗标粗，6月后集装箱开始用于罗非鱼等商品鱼的养殖，春节前后商品鱼集中上市。主要养殖品种为罗非鱼、加州鲈、鲤、裸鲤。罗非鱼养殖170口集装箱，加州鲈养殖40口集装箱，鲤养殖60口集装箱，裸鲤养殖30口集装箱。每口箱投放鱼苗3 500～4 000尾。

表5-1　罗非鱼养殖概况

养殖品种	投苗量	出鱼量	饵料系数	成活率
罗非鱼	4 000尾	2 100千克	1.4	90%

三、示范推广应用情况

2019年公司先后举办红河州"稻鱼鸭"综合种养技术培训班、云南哈尼梯田稻渔综合种养产业扶贫技术培训班。

当地政府整合涉农资金3 000万元，入股公司集装箱式养殖基地，推动集装箱产业发展，公司进行日常管理，形成资产性收益，呼山众创每年分红210万元，用于发展元阳县"稻鱼鸭"产业，该项目涉及贫困建档立卡户1 000余户，每天用工不低于30人。

第二节　集装箱式养殖广西案例

一、基地概况

桂林鱼伯伯生态农业科技有限公司成立于2014年6月，注册资本2 000万元，位于美丽的山水城——桂林雁山区大学城旁，交通便利，环境优美，总占地面积712亩。以"生态水产养殖＋休闲旅游观光＋农产品加工"产业链运转，打造成一二三产业融合发展的综合

---

　　* 寸为非法定计量单位，1寸≈3.3厘米，下同。——编者注

体，所生产、运输、销售的农产品"一物一码"，全程可溯源。目前，已注册"鱼伯伯"商标，拥有一种水产养殖类鱼粪收集处理装置和一种立体水产养殖的尾水处理设备两项专利。

目前，公司拥有固定资产3 600万元，职工56人，养殖面积3 200亩，带动农户208户，贫困户30户。以"鱼伯伯"为主打品牌，养殖品种多元化，年产2 000多吨。

公司荣获农业农村部水产健康养殖示范基地、农业农村部池塘转型升级绿色示范企业、农业农村部农产品质量安全中心CAQS-GAP认证企业、农业农村部无公害农产品认证企业、广西休闲渔业示范基地等荣誉称号。

二、项目组织实施情况

在广西桂林雁山区大学城旁建立了受控式集装箱绿色高效养殖技术的核心示范基地，并进行了集中改造，共完成40套（配套33亩生态池）集装箱式养殖试验示范。一是优化集装箱循环水系统。结合基地现有设施和实际需求，对循环用水系统及配套设施设备升级改造，提

图 5-4 示范基地

升水资源的利用效率。二是优化养殖尾水处理和监测系统。优化养殖粪便和残饵高效收集、粪污生态处理及资源化利用系统，开展尾水监测及水质检测。三是开展休闲化、景观化改造。通过规划设计和完善相关制度，拓展集装箱式养殖的休闲旅游和科普服务功能，建立休闲展示区，开展产品展示、文化展示、生产体验等活动（图 5-4）。

三、养殖尾水处理工艺

如图 5-5 尾水处理示意图所示，养殖尾水经一级净化池（水草、EM 菌或光合菌处理），过陶粒坝，再经二级净化池（水草和曝气池、"之"字形结构挡水墙），接着到三级净化池（毛刷和水草），经人工湿地过滤坝，再到四级净化池，最后经过鹅卵石潜流，回到养殖池。

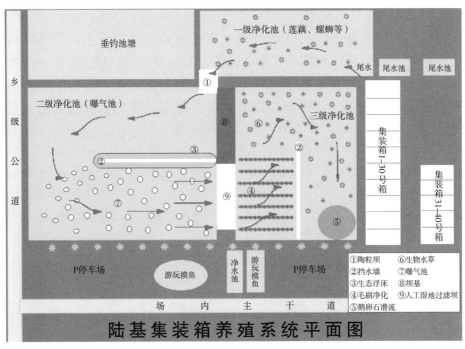

图 5-5 尾水处理示意图

四、系统运行情况

（一）基地建设及生产情况

基地完成 40 套（配套 33 亩生态池）集装箱式养殖试验示范，完成草鱼养殖试验 10 箱 230 米^3，禾花鱼养殖试验 6 箱 138 米^3。每箱投放草鱼苗种3 500尾，规格 50 克/尾；每箱投放禾花鱼苗种60 000尾，规格 5 克/尾。按照项目实施方案的技术要求进行生产管理，组织技术培训1 320人次，观摩交流20 000多人次。

（二）现场测产情况

该基地主要养殖品种有草鱼、禾花鱼、鳁、鲈、鲟、黄颡鱼（图 5-6）。

草鱼　　　　　　　　　　　　　　　禾花鱼

鳁鱼　　　　　　　　　　　　　　　鲈

鲟　　　　　　　　　　　　　　　黄颡鱼

图 5-6　示范区主要养殖品种

随机选择 1 个草鱼养殖箱，取样 30 尾，平均体长 36.83 厘米，平均体重 957 克；随机选择 1 个禾花鱼养殖箱，取样 30 尾，平均体长 9.7厘米，平均体重 35.7 克。抽取的样品鱼体质健壮、体表光洁、体色正常。根据示范基地的销售记录，草鱼养殖 76 天，每箱平均产量2 275 千克，产值 2.95 万元；禾花鱼养殖 25 天，每箱平均产量 2 250千克，产值 3.60 万元。表 5-2 和表 5-3 为 2019 年 12 月验收时统计的17 号养殖箱体的投入、产出数据和效益分析。

表 5-2　集装箱 17 号箱体（25 米³ 水体）投入和产出数据

放苗时间	放苗数量	放苗规格	卖鱼时间	平均大小	卖鱼总量
2019 年 9 月 15 日	3 500 尾	50 克/尾	2019 年 12 月 5 日	650 克/尾	2 275 千克

平均一周期（76 天）每立方米水产出量为 84 千克。

表 5-3　集装箱 17 号箱体效益分析

卖鱼总量	单价	收入金额	用料总重	用料金额	鱼苗款	其他（渔药、电费、人工等）费用
2 275 千克	15 元/千克	34 125 元	3 138 千克	14 213 元	3 500 元	3 276 元

综上，集装箱一批次的草鱼养殖收益为 13 136 元。

五、示范推广应用情况

示范项目实施以来，带动贫困户和低保户积极从事相关行业，平均月增收 2 000 元以上。安排低收入农户（和退役军人）参与就业，拉动贫困村集体融投资，增加贫困村收入，"公司＋农户"全产业链运转，吸纳贫困户入股，培育新型科技养殖农民，发展渔业产业，助力脱贫，每季度进行生态渔业养殖技术培训。项目的辐射范围广、带动作用大，具有良好的推广前景，同时示范项目的顺利进行促进了养殖提质增效，得到周边养殖户的普遍认可和欢迎。

图 5-7 基地观摩活动

第三节 集装箱式养殖江西案例

一、基地概况

萍乡市百旺农业科技有限公司成立于 2015 年，公司以农业绿色循环发展为主要方向，主要采用种养结合、粪污循环利用等资源生态循环型生产模式。公司主营水产养殖、果树苗木种植等业务，其中公司水产养殖板块于 2018 年开始升级换代，逐步淘汰传统的土塘饲养，在全省率先引进新型集装箱水产养殖系统，该系统采用目前国内领先的循环生物净化养殖模式，实现了养殖污水的循环再利用。

示范基地情况如图 5-8 所示，截至 2019 年底，集装箱式养殖总投资近 3 000 万元，两个基地共有 40 口箱。主养品种为鲈及乌鳢，一口箱

图 5-8　示范基地

年产量近 7.5 吨。公司主要采取线上（互联网）及直营两种方式销售。由于集装箱式养殖是刚刚兴起的科技含量高的养殖模式，特点是养殖成本低、捕捞成本低、管理成本低；加上集装箱式养殖有高效的循环净化系统，鱼生长在可控的健康环境下，因而品质好、成活率高、产出量有保证、受市场欢迎。水产苗种繁育方面，公司拥有两个繁育基地，主要生产培育鲈、乌鳢、四大家鱼等苗种。其中位于湘东区的萍乡市水产科学研究所育苗基地年育苗能力达 5 亿～10 亿尾。位于湖南攸县的育苗基地年育苗能力在 250 吨左右。水产品加工方面，目前公司拥有加工厂房 2 000 米²，投资约 200 万元。目前公司的加工产品正以"李鲜生的鱼"这一自主品牌全力开拓市场，通过线上及直营销售的方式销售到江西省周边及广东、浙江、上海等不同地区。

二、示范项目建设内容

根据《淡水池塘养殖水排放要求》（SC/T 9101—2007），将养殖尾水处理循环利用建设项目整个流程分为 5 级，其尾水处理流程图和示意图如见图 5-9 和图 5-10，具体介绍如下。

1. 固液分离及溢水沟

建 3 个鱼粪收集池，安装两个用于固液分离的干湿分离器装置；两条尾水收集溢水沟，总长 10 米，规格为 800 毫米×200 毫米的混凝土结构；分离的粪污发酵后作为有机肥用于种植蔬菜，尾水通过水沟导入沉淀池。

2. 沉淀池

沉淀池占地面积为 3 亩，主要用于去除水体中悬浮物质。沉淀池需增加水的缓冲，保证沉淀池布水均匀，防止出现短路流和死水区。同时，在沉淀池中布设生物吸附网膜、种植睡莲等浮叶植物，或布设生态浮床，稳定期覆盖面积不低于沉淀池的 30%。

3. 曝气池

曝气池面积为 3 亩，主要是增加水体中溶解氧，加快有机污染物氧化分解。在曝气氧化池内铺设抗菌纳米曝气增氧系统，保证池中溶解氧不低于 5 毫克/升，其作用是对水中氨氮进行降解。池周边采用混凝土结构，若底泥较厚，应铺设地膜作为隔绝层，防止底泥污染物的释放。

4. 微生物净化池和水生植物净化池

微生物净化池和水生植物净化池合并，占地面积为 8 亩，主要利用不同营养层次的水生生物最大限度地去除水体污染物。用有益菌种调节

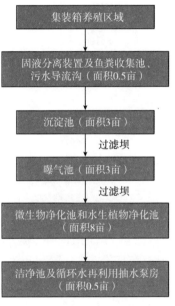

图 5-9　尾水处理流程图

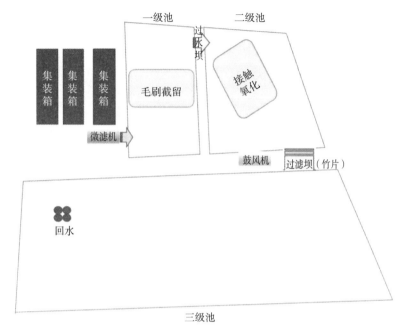

图 5-10　三级生态处理池示意图

1）一、二级池内四周可布置浮床，栽种蔬菜或景观植物。

2）三级池可考虑设置浮床，栽种蔬菜或景观植物；放养适量的蚌、鲢、鳙。

3）应急方案：准备适量的常用菌种。

水质，池内可种植沉水、挺水、浮叶等各类水生植物，以吸收净化水体中的氮、磷等营养盐（覆盖面积不小于生态净化池 30%）；可适当放养滤食性水生动物，悬挂生物质网膜。

在沉淀池与曝气池之间、曝气池与微生物净化池和洁水池之间各建过滤坝 1 座，规格为长 3 米、宽 1.5 米、高 2 米。在三池之中及进出水口分别设置溶氧传感器、温度传感器、pH 传感器、摄像头等相关仪器，全程全方位对养殖尾水进行水质监测。

5. 活动板房及抽水泵（流程图中略去了这两部分装置）

岸边活动板房使用夹心彩钢材质，需具备门窗，具有防盗网，主要用于相关设施设备的操控。室内电源开关、插座、地板俱全，活动板房室内面积不小于 10 米^2，高度不低于 2 米，占地面积为 0.5 亩。安装功率大于 4.5 千瓦的抽水机 1 台，将净化池的达标水传送至养殖箱内处理后循环利用。

三、系统运行情况

（一）基地建设及生产情况

示范基地完成 40 套（配套 15 亩生态池）集装箱式养殖试验示范，完成加州鲈养殖试验 125 米³，乌鳢养殖试验 250 米³，参加技术培训与交流 100 多人次。每箱投放加州鲈苗种 4 000 尾，规格 50 克/尾；每箱投放乌鳢苗种 3 000 尾，规格 100 克/尾，按照项目实施方案的技术要求进行生产管理。

（二）现场测产情况

随机选择 1 个加州鲈养殖箱，取样 30 尾，平均体长 27.13 厘米，平均体重 441 克。随机选择 1 个乌鳢养殖箱，取样 30 尾，平均体长 40.10 厘米，平均体重 1 087 克。抽取的样品鱼体质健壮、体表光洁、体色正常。根据示范基地的销售记录，加州鲈每箱平均产量约 1 600 千克，产值约 6 万元；乌鳢每箱平均产量约 2 000 千克，产值约 4 万元。

四、综合效益及示范推广情况

（一）经济效益

集装箱式水产养殖平台综合成本低，产量高，鱼的品质好，售价高，有着传统水产养殖方式无法比拟的优势。

（二）社会效益

该示范项目的实施可为项目实施地优化产业结构、发展水产业带来新契机，为不发达地区脱贫攻坚树立产业扶贫亮点模式，是贫困地区精准扶贫、产业扶贫的一条重要途径，可以有效地帮助农民脱贫致富，同时可转化农村剩余劳动力，为农民创造新的就业岗位。目前，该示范项目已经带动精准扶贫户 32 户，实施产业扶贫，稳定增加贫困户、养殖户收入。

（三）生态效益

集装箱式循环水养殖可实现资源高效利用，支撑水产业绿色发展，可将粪污进行集中收集并资源化利用，变废为宝，对生态环境保护起到积极作用。此外，还可为退渔还湖、退渔还江、退渔还海，代替传统网箱养殖，实现离岸养殖、生态重塑提供可靠的多赢解决方案。

（四）示范应用推广情况

萍乡市百旺农业科技有限公司在江西省内率先引进受控式高效循环水集装箱式养殖系统，实现了生态效益、经济效益和社会效益的同轨并行，真正做到助力现代水产养殖业转型升级。和传统养殖模式相比，集装箱式循环水养殖具有单产高、耗能低、污染小等优点，深受广大养殖户的认可。作为在赣西丘陵地区具有代表性的高标准集装箱式养殖示范基地，该公司以产业带动、辐射周边地区，通过开展科普示范、培训教学、技术服务、设备推广等多种服务形式，主动面向产业转型需求，形成可复制、可推广的好经验好做法，加快培育集装箱水产养殖市场；以推进基地示范推广为抓手，加强和农业部门合作，鼓励和引导传统养殖户和企业加入集装箱式养殖产业，发挥各类投资主体的作用，并不断强化示范服务，促进周边地区水产养殖转型升级发展；为萍乡及周边地区提供名优质商品鱼和工业化循环水集装箱式养殖技术服务，从而促进地区渔业养殖结构的调整，丰富产品供应，满足市场需求。

第四节　集装箱式养殖湖北案例

一、基地概况

武汉康生源生态农业有限公司成立于 2005 年，位于武汉市生态控制底线范围内的东西湖区东山街巨龙大队，被昌家河环绕，依偎在杨四径湖边，周边水资源丰富，生态环境良好。2018 年公司引进农业农村部"十大引领性农业技术"之一的"池塘集装箱生态循环水养殖模式"，是湖北省首家开展集装箱式养殖的示范企业。一期投资 600 多万元的 40 口集装箱已经竣工验收。主要养殖加州鲈、太阳鱼、长吻鮠、草鱼等。采取分期轮放苗、长年有产出的模式组织生产，利用集装箱出鱼口收获方便的优势，做到四季有鱼出售。图 5-11 为该示范基地现场图。

二、项目建设内容

集装箱尾水通过自然跌落进入微滤机处理后，分两路进行水处理：主要循环回路通过现有三级生态塘处理回用；支路通过土沟流入葡萄

图 5-11　示范基地现场图

园进行间歇式土地慢滤后汇入集装箱尾水处理系统，通过现有 3 个养殖池改造的三级生态塘进行进一步处理后回用（图 5-12）。

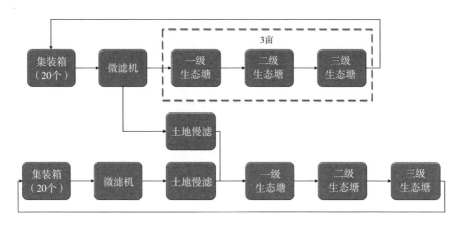

图 5-12　集装箱式养殖系统工艺流程图

1. 微滤机

微滤机有一个鼓状的金属框架，转鼓绕水平轴旋转，上面附有不锈钢丝（也可以是铜丝或化纤丝）编织成的支撑网和工作网。微滤机结构精巧，占地面积小；配备自动反冲洗装置，运行稳定，管理方便；设备损失水量小，节能高效。

2. 一级生态塘

根据尾水处理中脱氮除磷的工艺原理，对生态塘进行不同分段，有效利用空间。一级生态塘置于塘系统首端，与兼性塘和好氧塘组合运行，其功能是利用厌氧反应高效低耗的特点去除有机物，保障后续塘的有效运行。一级生态塘占地 1 753 米^2，分为二级平流沉淀区、毛刷截留区和厌氧分解区。四周栽种挺水植物面积 661 米^2。

3. 二级生态塘

二级生态塘为好氧区，增氧设施处理效果好，能见度高，景观效果佳，有利于生态系统的构建，不滋生蚊虫。二级生态塘占地 5 407 米^2，配置微生物反应器 1 台，回转式鼓风机 1 台，人工浮岛 6 组，人工浮床 2 组，接触式过滤模块 250 米^2。四周栽种挺水植物 2 073 米^2。

4. 三级生态塘

采用多种植物配比的方式，形成不同季节、不同种类植物交替生长的净化区。三级生态塘占地 7 717 米^2，配置人工浮岛 35 组，人工浮床 28 组。四周栽种挺水植物 1 877 米^2。

5. 土地慢滤

利用葡萄园表层土地过滤，主要利用顶部的滤膜截留悬浮固体，同时发挥微生物对水质的净化作用，从而进一步去除水中的悬浮物、细菌、浮游生物等。

三、系统运行情况

（一）基地建设及生产情况

湖北武汉示范基地完成 40 个（配套 35 亩生态池）集装箱的试验示范，养殖规模 1 000 米^3，完成加州鲈养殖试验 100 米^3，蓝鳃太阳鱼养殖试验 25 米^3，开展技术培训 500 多人次。每箱投放加州鲈苗种 2 500 多尾，规格 56 克/尾；每箱投放蓝鳃太阳鱼 4 000 多尾，规格 80 克/尾，按照项目实施方案的技术要求进行生产管理。

（二）现场测产情况

对已投产的 4 个加州鲈和 1 个蓝鳃太阳鱼养殖箱，各随机取样 30 尾，加州鲈平均体长 27.78 厘米，平均体重 436.83 克；蓝鳃太阳鱼平均体长 17.55 厘米，平均体重 139.00 克。抽取的样品鱼体质健壮、体表光洁、体色正常。根据示范基地的养殖记录，加州鲈每箱平均产量约 950 千克；蓝鳃太阳鱼每箱平均产量约 417 千克。

四、示范推广应用情况

公司在发展集装箱式养殖的同时，发挥离城市近的优势，积极开展农业休闲业务。通过葡萄采摘、农耕亲子、田园教育、农事体验、农业科普等，吸引了大量游客来园区休闲。每年接待人数约 3 万人次，旅游收入占比约 30%。通过宣传推广集装箱式养殖技术，成功帮助三家企业建设集装箱式养殖场，带动约 3 000 人致富。

第五节　集装箱式养殖安徽案例

一、基地概况

安徽有机良庄农业科技股份有限公司成立于 2014 年，位于太和县国家级农业示范区核心区，占地 1 200 亩，投资 1.2 亿元，已建成集循

环农业、创意农业、旅游、团建、研学于一体，一二三产业融合发展的综合性、现代化农业示范园区。

借助农村综合改革及乡村振兴战略的契机，企业依托新技术、新设备，以及企业的科研成果，首创了国内第一家受控式"鱼-菜生态循环"系统，实现了以集装箱为载体，高密度、循环水为特色的养殖新模式，图 5-13 为该综合种养模式的基地现场。受控式集装箱式养殖——"鱼-菜生态循环"系统项目在 2018 年 10 月由团中央举办的第五届"创青春"大赛上，荣获国家级创新创业大赛的银奖。2019 年公司承担了农业农村部"全国池塘集装箱生态循环水养殖模式示范基地"建设任务和阜阳市科技重大专项"智慧农场及云服务平台的建设与示范"项目。

二、系统运行情况

1. 基地建设及生产情况

安徽太和示范基地完成 65 套（配套 15 亩生态池）集装箱式养殖试验示范，完成杂交鲟养殖试验 100 米^3，黄金鲫养殖试验 100 米^3。每箱投放杂交鲟苗种1 600尾，规格 25 克/尾；每箱投放黄金鲫苗种3 100尾，规格 20 克/尾。按照示范实施方案技术要求进行生产管理（图 5-13）。

图 5-13　"鱼-菜生态循环"系统

2. 现场测产情况

随机选择 1 个杂交鲟养殖箱，取样 30 尾，平均体长 58.4 厘米，平均体重 809.17 克；随机选择 1 个黄金鲫养殖箱，取样 30 尾，平均体长 29 厘米，平均体重 380 克。抽取的样品鱼体质健壮、体表光洁、体色正常。根据示范基地的养殖记录，杂交鲟每箱平均产量 1 295 千克，产

值约10.36万元；黄金鲫每箱平均产量1 178千克，产值约4.71万元。

3. 示范基地养殖尾水达标排放情况

建设三级池塘，在一、二级池塘和二、三级池塘之间修建挡水坝，形成高20~30厘米的瀑布流，池塘内部种植净水植物，养殖净水鱼类，以生物炭净化尾水。一级池塘种植荷花，二级池塘种植水葱和黄花鸢尾，三级池塘种植茭白、菖蒲和香蒲。二、三级池塘放养规格100克以上的鲢和鳙等滤食性鱼类100尾/亩。用沙土净化池塘土质。

经多次优化系统后，在相同产量下，可节水50%～70%，节地75%～98%，节省人力50%以上，提高养殖饲料效率6%～7%，饲料系数1.2，养殖鱼成活率95%以上，单箱养殖产量达到3～4吨，水产品质量合格率100%，养殖产品品质明显提升。养殖过程中产生的"肥水"用于灌溉有机蔬菜，能满足蔬菜生长期的营养需求，节约了种植肥料成本，提高了蔬菜的品质，实现了养殖尾水的"零排放"和资源的循环高效利用，达到了生态与经济效益并举的养殖效果。单箱产量达到1 654.32千克，产值为59 555.52元，除去养殖的固定成本（鱼苗、租金、折旧及其他）和变动成本（人工、饲料、氧气、水电和药物），其销售利润可达21 458.52元。

三、示范推广应用情况

本项目的研究推广及实施，丰富了本地区水产养殖模式，带动了当地及周边地区一批相关行业的发展，特别是发挥了带动安徽省农业产业化龙头企业的作用，促进了安徽省乃至全国农业产业化经济的发展和产业结构调整升级；并且对吸收农村剩余劳动力，带动项目区农民共同致富，都起到了非常积极的作用。同时，本项目也为相关技术领域的研发提供了很好的范本和素材，促进了水产养殖、蔬菜种植、智慧农业的发展。此外，通过该模式的产业带动作用，促进了地方水产养殖行业的发展，培养了一批懂技术、会养殖的致富能手；通过帮扶就业，还解决了一部分贫困人口的就业问题。

参 考 文 献

陈伟洲，许鼎盛，王德强，2007. 卵形鲳鲹人工繁殖及育苗技术研究 [J]. 台湾海峡
  （3）：435-442.

褚新洛，郑葆珊，戴定远，等，1999. 中国动物志 硬骨鱼纲 鲇形目 [M]. 北京：科
  学出版社.

洪万树，张其永，1994. 赤点石斑鱼繁殖生物学和种苗培育研究概况 [J]. 海洋科学，18
  （5）：17-19.

黄维，黄木珍，林碧海，2014. 巴沙鱼人工繁育技术要点 [J]. 海洋与渔业，9：58-60.

蒋一珪，1959. 梁子湖鳜鱼的生物学 [J]. 水生生物学报，375-384.

李家乐，2001. 中国大陆尼罗罗非鱼引进及其研究进展 [J]. 水产学报，25：90-95.

雷从改，尹绍武，陈国华，2005. 石斑鱼繁殖生物学和人工繁殖技术研究现状 [J]. 海南
  大学学报，23（3）：288-292.

区又君，2008. 卵形鲳鲹的人工繁育技术 [J]. 海洋与渔业（9）：24-25.

王武，2000. 鱼类增养殖学 [M]. 北京：中国农业出版社.

温海深，张美昭，李吉方，2016. 我国花鲈养殖产业现状与种子工程研究进展 [J]. 渔业
  信息与战略，31（2）：105-111.

魏于生，吴遵霖，徐振，等，1996. 湄公河流域巴沙鱼生物学的研究 [J]. 淡水渔业
  （6）：25-26.

伍献文，曹文宣，易伯鲁，等，1964. 中国鲤科鱼类志 [M]. 北京：科学出版社.

谢凤才，温海深，2012. 花鲈人工繁育关键技术 [J]. 现代农业科技，20：300-302.

张美昭，高天翔，阮树会，2001. 花鲈亲鱼人工培育与催产技术研究 [J]. 青岛海洋大学
  学报（自然科学版），2：195-200.

朱泽闻，舒锐，谢骏，2019. 集装箱式水产养殖模式发展现状分析及对策建议 [J]. 中国
  水产，4：36-38.

陆基推水集装箱式养殖技术规程（湖北示范基地）

（一）蓝鳃太阳鱼陆基推水集装箱式养殖技术规程

1. 范围

本文件规定了蓝鳃太阳鱼陆基推水集装箱式养殖的池塘条件、建设要求、养殖前准备、苗种放养、养殖管理、日常管理、病害防治及捕捞的技术和方法。

本文件适用于湖北省境内的蓝鳃太阳鱼陆基推水集装箱式养殖。

2. 规范性引用文件

下列文件对本文件的应用是必不可少的。凡是注日期的引用文件，仅注日期的版本适用于本文件，凡是不注日期的引用文件，其最新版本（包括所有的修改单）适用于本文件。

GB 11607 渔业水质标准

GB 13078 饲料卫生标准

GB 19379 农村户厕卫生规范

NY 5051 淡水养殖用水水质

NY 5361 淡水养殖产地环境条件

NY 5071 渔用药物使用准则

NY 5072 渔用配合饲料安全限量

3. 编制原则

3.1 政策指导

遵循"健康养殖、绿色发展、节本增效、以质取胜、环境友好、不滥用药"的渔业养殖发展要求。

3.2　明确目标

针对集装箱式养殖模式的环境条件，明确蓝鳃太阳鱼在集装箱内养殖的必要性和可行性。

3.3　因地制宜

结合湖北地区气候与水文环境状况，确定蓝鳃太阳鱼的养殖技术规范。

3.4　提质增效

充分利用集装式养殖模式生态环保的优势，提高蓝鳃太阳鱼品质。

4. 术语和定义

下列术语和定义适用于本文件。

陆基推水集装箱式养殖

是将鱼饲养在集装箱中进行全封闭集约化养殖，通过建立养殖箱与池塘一体化的循环水系统，利用潜水泵抽水，经臭氧杀菌后注入养殖箱进行流水养殖，鼓风机纳米曝气增氧，微滤机分离尾水鱼粪，池塘多级处理净化沉淀，养殖用水进行生态高效净化，循环利用，实现"分区养殖、异位处理、提质增效"的一种养殖模式。

5. 环境条件

5.1　池塘环境要求

池塘应远离污染源，有毒有害物质限量符合 NY 5361 的要求。

5.2　水源与水质

水源充足，水质应符合 GB 11607 和 NY 5051 的要求。

5.3　池塘深度

池塘深度不低于 4 米。

5.4　电力与交通

配套电力充足，有备用电源。交通方便。

6. 建设要求

6.1　陆基推水集装箱

陆基推水集装箱长 6.06 米，宽 2.45 米，高 2.89 米，每个养殖箱

顶端设有进水口、进气口，底部安装 10 根纳米曝气管环绕四周，每根曝气管均安装阀门调节气量大小，并设置 4 个 75 毫米管径的排污口，连接管径 110 毫米的主排水管。根据池塘面积大小确定陆基推水集装箱安装数量。原则上，每亩池塘可配套 4 个陆基推水集装箱。

6.2　陆基推水集装箱的安装

陆基推水集装箱应安置于条形钢筋混凝土上。露出地面不少于 80 厘米。

6.3　陆基推水集装箱进水系统

每 10 个养殖箱配一台 4 千瓦的潜水泵。潜水泵用浮筒悬挂于池塘水下 1.5 米深处，扬程控制在 10 米以下，确保入箱水量达到 80～120 米^3/时。如养殖箱数量大于或小于 10 个，则相应调整水泵功率大小，确保入单个养殖箱的水量不低于 10 米^3/时。对于多个养殖箱，水泵入水处宜设置于多个箱中部，亦可置于一侧。

6.4　进水水泵池及进水消毒系统

在水泵进水区建设一个桶状的进水水泵池，将水泵置于水泵池中，池底安装臭氧曝气盘，必要时对进水进行臭氧消毒处理。臭氧发生机的臭氧量不低于 200 克/时。

6.5　陆基推水集装箱供氧系统

每 10 个养殖箱配两台（其中一个为备用）4 千瓦螺旋风机或罗茨风机。确保箱内 24 小时持续供应新鲜空气，以保证养殖箱内水体溶解氧充足。有条件的可用纯氧。

6.6　陆基推水集装箱保温系统

为提高陆基推水集装箱利用效率，可在夏季采取物理降温，冬季采取大棚保温措施，实现一年四季鱼的正常生长。物理降温方式包括深井水注入养殖箱，18℃地下水与池塘水中和降温；在养殖箱及净化池塘上设置喷淋，喷淋降温。综合运用上述方法，可将养殖箱内水温控制在 28℃内。冬季保温用双层农膜覆盖净化池塘，可实现净化池塘内水温高出外塘水温 4～6℃，将养殖箱内水温控制在 15℃以上（鄂西及鄂西北地区相关数据会有所下降）。

6.7　干湿分离器

每 10 个陆基推水集装箱设置一台干湿分离器，干湿分离器的进水口应不高于主排水管。水处理量应达到 80～150 米^3/时。由主排水管排出的水经干湿分离器进行物理过滤，污水流入污物沉淀池，尾水流入净化池塘。

6.8 污物沉淀池

陆基推水集装箱应根据场地地形修建与之配套的三级污物沉淀池。污物沉淀池的构造可参考《农村户厕卫生规范》（GB 19379—2012）的要求，污物沉淀池的容积可依据《镇（乡）村排水工程技术规范》和养殖箱的数量计算确定。由干湿分离器流入的污水经三级沉淀后，上层清水流入净化池塘。沉淀池内的污物每6个月打捞一次。

6.9 净化池塘

将池塘用塘基隔开分成一级沉淀净化池、二级沉淀净化池和三级生物处理池三个部分，面积比为1∶1∶8。一级沉淀净化池水位要比二级沉淀净化池高20厘米，二级沉淀净化池水位要比三级生物处理池高15厘米，各级沉淀（净化）池中的水呈瀑布状漫出，进入下一级沉淀净化池。经过三级沉淀净化处理后，池塘水进入进水水泵池。

7. 养殖前准备

7.1 陆基推水集装箱的清洗、消毒

使用前将集装箱用刷子刷洗干净，清水冲洗，并加满水浸泡箱体两次，每次3~5天。若箱体长时间未使用或有鱼病发生的情况，需要进行消毒处理。放苗前一天将已清洗、消毒的集装箱加好水，关闭循环水泵，打开风机曝气。

7.2 鱼苗进箱前的消毒

准备3‰的盐水，温度与集装箱内的水温一致，用于鱼苗进箱前的消毒。

8. 苗种放养

8.1 放苗时间和规格

放苗时间以当年10月至翌年5月之间为宜，放养规格每尾在5克以上为宜。对于单尾重量小于10克的鱼苗，要对养殖箱排水孔进行密网加罩，防止鱼苗随水外流。

8.2 放养密度

每个陆基推水集装箱放养鱼苗2 000~4 000尾。若鱼苗体重在5~

10 克，放养 4 000 尾；若鱼苗体重在 10～50 克，放养 3 000 尾；若鱼苗体重大于 50 克，放养 2 500 尾。

8.3 鱼苗抽样镜检

鱼苗到场后，对大于 10 克的鱼苗，打捞 3～5 尾检查体表是否有外伤，鳍条是否出血，显微镜检查是否有寄生虫，解剖检查肝、胆、肠、胃是否健康，确保放入集装箱的鱼苗质量可靠。对小于 50 克的鱼苗，只需进行体检和镜检，可不进行剖检。

8.4 鱼苗消毒，调节水温差

将鱼苗运输车中的水排去 1/3，再将事先准备的 3% 的食盐水通过对着箱壁冲水加入运输车中，加满后，再排去一半水，再加满，重复操作使运输车水温与集装箱水温差小于 0.5℃。

8.5 放苗操作

鱼苗全程带水操作，用合适网孔的渔网打捞运输车中的鱼苗，少量多次打捞，放入带水的水桶，进行称重记录，鱼桶里的水要淹过鱼身 5 厘米，放入集装箱时要贴着集装箱的水面倒鱼。

9. 养殖管理

9.1 养殖期间的消毒

鱼苗进入集装箱 2 小时后，用杀菌消毒剂浸泡消毒 24 小时，其间关闭进水开关，停止水循环，继续保持充气。消毒结束后开启循环。消毒剂要预先稀释混匀，再均匀泼洒到集装箱水面，消毒期间不喂食。肉食性鱼类喂食 2 小时后进行浸泡消毒，12 小时后开启循环，再过 12 小时后重复一次消毒。此后根据实际情况每隔半个月消毒一次。

9.2 集装箱气量及水量调节

根据鱼体大小及适应情况调整集装箱内气流及水流的大小。原则上水的流速等于鱼体长的 1/3。

9.3 水质调控及检测

一级沉淀净化池为厌氧发酵池，水面应全面覆盖浮萍类水生植物，让未被干湿分离机完全分离掉而进入净化塘的粪污，在一级净化池中分解氧化。二、三级沉淀净化池可种植不超过 10% 水面的挺水植物，帮助吸收残留的亚硝酸盐和氨氮。确保回抽入养殖箱的水中亚硝酸盐和氨氮含量不超标。三级生物净化池可加装 1～2 台叶轮式增氧机，加大水体溶解氧，利于微生物的平衡。

定期测定集装箱内养殖水的溶解氧、温度、氨氮、亚硝酸盐和 pH 水质指标，集装箱内溶解氧应保持在 6 毫克/升以上。

9.4　饲料投喂

每个集装箱应配备一个饲料桶，采取定时、定量、定点、定质的投喂方式，投喂的饲料应符合 GB 13078 和 NY 5072 的要求，蛋白含量不低于 32%。投饲量根据集装箱内现有的鱼体重量算出，一般以 15 分钟内吃完为宜。投喂次数根据鱼体的大小进行调整。

9.5　排污管理

每天投喂结束 1 小时后进行集中排污，打开排污管底部阀门，排掉集装箱内 20%～30% 的水，排污后宜在 1 小时内加满水。

9.6　净化池塘管理

净化池塘每个月消毒 1～2 次，消毒 3 天后用微生态制剂进行调水改底，根据实际情况每隔 1～3 年冬季时进行干塘清淤，保持池塘底泥在 20 厘米左右，并用生石灰消毒。净化池塘以放养滤食性的鲢、鳙鱼类为主，根据池塘面积，每亩放养规格 500 克左右的鲢 80～100 尾、鳙 30～50 尾。

9.7　养殖周期

蓝鳃太阳鱼在水温达到 20℃左右时放苗，苗体重 5 克左右，养殖 6 个月体重可达 150 克，达到上市标准。

10.　日常管理

10.1　巡塘检查

加强巡塘，密切注意水质变化、鱼类摄食和活动情况，以及设施设备运行等情况，发现问题及时采取相应措施。

10.2　清洁消毒

每天将使用过的饲料桶等养殖工具清洗干净，定期对养殖场进行消毒。

10.3　生产记录

按照无公害生产要求制定养殖生产管理制度，规范生产，并做好相关生产记录。

11. 病害防治

11.1 蓝鳃太阳鱼病的预防

定期通过杀菌消毒、饲料拌服维生素等方式优化养殖环境、提高鱼体免疫力，预防疾病。

11.2 蓝鳃太阳鱼病的治疗

蓝鳃太阳鱼常见疾病主要有车轮虫病、烂鳃病和烂嘴出血病等。发生病害时，治疗药物的使用应执行 NY 5071 中的规定。

12. 捕捞

12.1 上市规格

蓝鳃太阳鱼上市规格宜在 150 克以上。

12.2 捕捞方式

蓝鳃太阳鱼捕捞可采用整箱一次性捕捞和单次捕捞两种方式。一次性捕捞适用于整箱鱼一次性出尽。使用长方形鱼槽，将鱼用二氧化碳麻醉后直接从出鱼口放出后装车。单次捕捞是根据定量需要进行定量捕捞。将水位下降至 1/3 处，用棉质捞网将鱼捞起，减少对鱼的伤害。每次捕捞完毕，要对该箱进行消毒，避免受伤鱼被细菌感染。

12.3 休药期

捕捞上市前，应严格执行休药期的规定。

（二）集装箱式养殖日常管理

每天早上喂料前先巡查一遍每个箱的情况。正常情况下，当人走过时，箱内的鱼都会朝人的方向聚集索饵。同时也可以根据鱼往日的聚集情况和活动情况判断出鱼当天的健康状况和吃料状态，进而估算出当日投喂量。对鱼活动状况减弱，出现异常，或出现死鱼的箱子，要针对性地进行检查。如镜检鱼是否有寄生虫，体表是否有外伤，解剖检查肝、胆、肠、胃是否健康，做到对鱼的健康情况实时掌握，从而有效预防疾病的发生，并做到早发现、早治疗。

1. 检查鱼的情况

08：00—08：10 检查箱内鱼的活动状态。

2. 水质检测

取每个箱内水样和池塘水样，测定其溶解氧、温度、pH、氨氮、亚硝酸盐等水质指标，每天坚持早晚定时各测一次，掌握每日水质变化情况。测量氨氮、亚硝酸盐、溶解氧和温度指标建议使用可以直接读数的电子仪器测，这样更直观和精确，用比色卡靠肉眼读数精确度太差。溶解氧和温度可以不定期多测几次，如每次喂料前和喂料后的溶解氧变化规律，晴天、雨天、阴天的溶解氧变化规律；当箱内溶解氧24小时都保持在3毫克/升以上时，大部分鱼可以正常生长；水中溶解氧高则鱼得病的概率就小。此外，喂料前，箱内的溶解氧最好能保持在6毫克/升以上，因为喂料后溶解氧会急剧下降，如果喂料前只有3～4毫克/升，喂料后溶解氧可能就会降到1毫克/升以下，这样鱼会处于一个亚缺氧的环境中，其抵抗力就会下降，有害菌也会大量繁殖侵袭鱼体；所以密切关注溶解氧变化很重要，阴雨天气溶解氧低则少投喂或不投喂。溶解氧低还可以通过多次换水来增加溶解氧。

3. 喂料

08：10—08：20 称好每个箱的饲料量，每个箱要单独配一个饲料桶，将料桶整齐摆放在箱体前面，投喂量可根据每个箱内现有的鱼总数量，查出对应温度下的投饵率计算出来，一般以15分钟内吃完为宜，每个星期调整一次投喂量。

08：20—09：00 喂料，定时、定量、定点、定质、定人。喂料要遵循"先慢后快再慢"。不能直接将饲料一大瓢一大瓢地倒入箱内，要均匀地撒向每个天窗，饲料不能漂在水面上一大片。特别是拌药的料，更不能让饲料成片漂在水面，要慢慢投喂才能保证鱼吃到药饵。

4. 做好喂料记录和巡查

09：00—09：30 做好养殖记录，整理料房。
09：30—09：40 巡查各箱是否缺氧。

注：若需要拌药料，则料：水比例在 7：1 左右，根据不同饲料的吸水性灵活掌握，将药和水混匀后用喷壶均匀喷洒于饲料表面，同时不断用手拌匀，也可以购买一台拌料机，拌好的饲料用大盆置于阴凉处晾半小时再投喂。前一天拌好的药料第二天尽量不要使用，做到现拌现用；没有喂完的饲料要从箱顶上拿下来，放置在阴凉处，不能曝晒或雨淋。

5. 打扫卫生

09：40—11：30 根据各个箱体鱼的吃料情况、活动状态以及水体溶解氧（喂料 1 小时后测溶解氧）、透明度合理换水。推水箱一般每天早中晚打开底排污阀排污 2 分钟；若箱内的鱼生物量在 500 千克以上，则每天进行底排污 1～3 次，每次换水 1/2～3/4，一次性排走大部分粪便。打扫箱体四周垃圾、蜘蛛网，冲洗死鱼桶、清洗饲料桶等。死鱼桶应当随时封口，避免苍蝇传播细菌。将工具整齐地摆放在指定的位置，禁止随意丢弃。

6. 喂料

11：30—12：00 进行喂料。

7. 交接中班

11：50—12：00 交接上午未完成的工作给值班人员。
12：00—14：00 值班人员就位。

8. 巡查

14：00—14：10 检查各箱体鱼活动情况、设备情况，测溶解氧，换水。

16：00—17：00 若需要拌料保健或治病，提前 0.5～2 小时拌好料，置阴凉处晾干。

9. 喂料

16：50—17：00 称好料，整齐地摆放在箱体前面。
17：00—17：30 喂料。

17:30—17:50 清洗饲料桶，做好养殖记录。

17:50—18:00 交接工作给夜班人员。

10. 夜班

18:00 至翌日 08:00 夜班人员值班，完成白天未完成的工作，确保各箱体不缺氧，无异常。

11. 夜班交接白班

08:00—08:10 将晚上发生的异常告诉白班。

注：喂料以鱼 15 分钟内吃完为宜，喂料时观察是否有在池边独游、突眼、打转等异常现象的鱼，若有，则捞出镜检解剖，及时处理。交接工作要到人，确保出现事故有责任人。

12. 喂料次数

根据鱼的大小调整喂料次数，小鱼多餐，每天 4～6 餐，大鱼可缩减至每天 2～3 餐。

注：值班时间可根据具体实际情况灵活调整。

13. 养殖保健管理

（1）每个月保健两次，每月 2、3、4 日和 16、17、18 日保健肝、胆、肠道，投喂大蒜素、多维、维生素 C、三黄散、黄芪多糖、乳酸菌等，用量根据不同品种和鱼的不同阶段状况灵活掌握。

（2）根据养殖具体情况可每月 1、15 日消毒一次，停料 0.5～1 天。如下午停料，晚上消毒，第二天正常投喂。

（3）每月 1、15 日抽样测量，掌握鱼的生长情况，调整投喂量。

（4）每月 1、15 日镜检和解剖一条鱼，掌握鱼体健康状况。

（5）平时在箱顶走动时尽量轻脚，轻拿轻放物品，避免惊吓鱼类。

（6）阴雨天气、低温天气、高温天气时少投喂或不投喂。

14. 排污

小鱼阶段每天喂完料后 1 小时可排污 5 分钟，即排掉箱内 20%～30%的水。

当鱼长到 100 克以上时，喂料 1 小时后或喂料前将箱内的水排掉 1/3～3/4，排污时间宜在 10:00 左右，下午喂料前或喂料后 1 小时排污，排水后适宜在 1 小时内加满水。所以要分批排污，不能多个箱同时排污。

15. 物资管理

（1）及时更新保存养殖记录、抽样记录、用药记录本。

（2）药品使用要精确用量，不能凭感觉估计，未使用完的药品必须封口保存，每次用药时间和用药量、拌料量都需要做好记录。

（3）养殖过程中饲料要配套，饲料粒径符合鱼体规格，不能频繁更换饲料，不同鱼种不同生长阶段要投喂专用饲料。

（4）平时备好增氧颗粒和增氧粉，以在出现断电、气管漏气等紧急情况时使用。

（5）饲料置于干燥阴凉处保存。

（6）养殖药品宜选择大厂家，质量有保障。

16. 设备管理

（1）平时注意查看是否有充气管脱落、气管脱胶等问题。若接头漏气，用螺丝刀拧紧抱箍即可。

（2）每个星期检查一次水电气等设备设施是否有潜在安全隐患。

（3）发电机每月试机运转一次，发电用的柴油等随时备好，运行前检查发电机水箱水量是否充足。

（4）罗茨风机日常保养

①更换和添加齿轮油：新罗茨风机运转 10～15 天后需要更换齿轮油，后续每 3～6 个月更换一次，平时添加即可。加油量不能太多，没过中心"红星"即可（看罗茨风机上面贴的注意事项和说明书）。

②添加黄油（锂基润滑脂，代号 ZL-3H）：鼓风机连续运行 15～30 天后，必须添加黄油。具体操作参考罗茨风机使用说明书。

若用双螺旋风机则不需要加机油和黄油，依照厂家说明定期更换较易磨损的零件。

（5）池塘每 3～5 亩最好能配一台 3 千瓦的叶轮式或火箭式增氧机，晴天 12:00—14:00 开启 2 小时。

（6）可备一瓶二氧化碳和安全合法的抗应激剂，运输、分级、出鱼时均可使用，可将箱内的水位降低至离曝气管上 20 厘米左右，水淹过鱼背10～20厘米（只要能保证鱼不缺氧即可）时通入二氧化碳，切记不可关闭箱内的增氧曝气管（用曝气管效果最好，曝气管长 1 米，两根，5～15 分钟见效），当鱼开始有翻肚现象，用手可轻松抓住鱼只时，即可停止通入二氧化碳。若通入过量，则及时加入新水稀释，全程确保鱼的鳃盖一直在动。

（7）若推水箱配有干湿分离器，每天要检查一次干湿分离器的水泵喷头是否堵塞，若堵塞则需要关闭干湿分离器进水阀门，关闭水泵，将喷头取下来清洗，再将喷头出水端水平方向对着滤网装上。打开水泵，打开干湿分离器进水阀门，观察喷头喷水时是否在一条线上，是否全覆盖滤网表面。检查滚筒是否正常匀速转动，是否卡顿。

17. 池塘管理

（1）三级池塘每亩放养鲢、鳙100～200尾，不养其他鱼类。

（2）池塘每个月用二氧化氯、漂白粉、聚维酮碘、生石灰等消毒1～2次，消毒 3 天后用光合细菌、EM 菌、乳酸菌等微生态制剂调水改底。如果水色较浓，pH 较高，可用二氧化氯消毒调水 3 天后再用乳酸菌降低 pH。

（3）池塘每1～3 年在冬天干塘清淤一次，保持塘底淤泥厚度在 20 厘米左右。用生石灰消毒杀死病原菌，晒塘晒至塘底龟裂，池塘进水口用密纱绢网拦住，防止野杂鱼、鱼卵、蛙卵等进入池塘。保持塘底平整、无杂草等。箱内进水放苗前一周对池塘消毒一次，调好水后再进苗。

18. 分级养殖

随着养殖时间的延长，鱼类生长会出现大小差异使得料比升高，养殖成本增加。所以第一步就要保证进箱内苗规格整齐。

（1）分级规格　非肉食性鱼类一个生长周期内需要分级 2～3 次。鱼体重 50 克以前分级一次，100～150 克分级一次，250～300 克分级一次，分大中小三个规格来饲养，太小的苗可直接淘汰。肉食性鱼类如加州鲈，体长 7 厘米以前最好每周分级一次，避免相互捕食、降低苗种

成活率。

（2）分级方法　分级前停料1天，分级时降低水位至3～5米，保证曝气管在水里充氧，水位淹过鱼背鳍1.5米。使用二氧化碳等麻醉剂对鱼进行麻醉，减弱鱼的活动，可基本保证不伤鱼、不伤手，达到99.5%以上的成活率。麻醉的标准为鱼活动减弱，有轻微翻肚，可用手轻松抓住即可。若加入麻醉剂过量，鱼全部翻肚，马上加入清水稀释即可，不可拖太久，也不可麻醉过度。一般鱼鳃盖在动则问题不大，将麻醉后的鱼放入清水2～10分钟即可苏醒。第二天正常投喂即可。每次分级后的空箱用高压水枪冲洗一下箱壁上残留的粪便污垢，再重新加水，也可套养一些刮食性鱼类和底层鱼类如清道夫等，这样箱壁会更干净一点，同时能够降低饵料系数，也方便管理和出鱼。

陆基推水集装箱式养殖操作规程（云南示范基地）

1. 陆基推水养殖模式简介

陆基推水箱长 6.06 米×2.45 米×2.89 米，箱内加满水总水体积为 27 米³ 左右，水位每下降 10 厘米，减少约 1.36 米³ 水体，正常水位距离箱顶 30 厘米左右，即正常养殖时箱内水体积为 23 米³（未减去鱼的体积）左右。

每个养殖箱顶端都有单独的进水口（直径 90 毫米）、进气口（直径 50 厘米）和排水口（直径 110 毫米）以及水位溢流结构。箱内底部有 10 根纳米曝气管环绕四周，均有阀门调节气量大小。

2. 鱼苗入箱操作

2.1 推水箱的准备

放苗要提前 1 天将箱内清洗干净，加好水，关闭循环水泵，打开曝气阀。

2.2 鱼苗抽样

鱼苗运到场地后，检查鱼体状况，打捞 3～5 尾鱼检查是否有寄生虫，解剖查看肝、胆、肠、胃是否健康，确保放入箱内的鱼苗质量可靠。

2.3 鱼苗车厢水温度调节

将鱼苗车厢水排去 1/3，用钢丝软管或小水泵抽取箱内的水，加入鱼苗车厢中，冲水时对着车厢壁冲，不要对着鱼苗冲水，加满水后，再排去一半水，再加满，反复操作使得鱼苗车厢水温与箱内温差小于 0.5℃，这样操作达到调节水温和水质的效果（抽水泵流量最好小于 5 米³/时，冲力太大会损伤鱼苗）。

2.4 移鱼苗进箱

箱内泼洒姜 50 克。鱼苗车厢要尽量靠近养殖箱边缘，从车顶用水桶直接将鱼苗移到箱顶，装鱼苗的水桶要贴着箱的水面倒鱼。此外，捞鱼的网兜网孔要适当密一些，材质要柔软，防止伤鱼。对于小规格鱼苗（小于 100 克），每网不能打捞太多，鱼桶里的水要淹过鱼身 5 厘米，每桶分 2～3 次打捞。力求做到少量多次，快、稳、轻地完成移苗工作。

2.5 鱼苗进箱后消毒

鱼苗进箱 2 小时后，用杀菌消毒剂（碘液）浸泡消毒 24 小时，消毒期间，关闭进水开关，停止水循环，继续保持充气；消毒结束，排水到最低水位，再打开进水开关，加水循环。消毒剂用一只大桶装水稀释混匀后，再用水瓢均匀泼洒到养殖箱的每个天窗。注意消毒期间不喂料或少喂料。肉食性鱼苗可能需要当天投喂，以免相互捕食，可以喂完料 2 小时后消毒药浴 12 小时，开启水泵循环，12 小时左右后再药浴 12 小时。鱼苗进箱后第二天可以少量投喂，按 0.5%～1% 投饵率，后期逐步上调到 3%～5%，同时内服复合多维等 5～7 天，增强鱼苗的免疫力。外伤比较严重的隔一天需要再药浴消毒一次。

2.6 养殖箱气量调节

小规格鱼苗（如小于 50 克）需要注意调整箱内气流的大小，可通过每个箱的开关来调节单个箱气流。若多个箱气流都需要调小，则调整风机变频系统，以免损坏风机。若鱼乱窜、乱撞、乱跳，则可关闭箱内某个区域的相对的 2 根气管以形成静流区域，但要注意防止缺氧，待鱼适应后再调大充气量；如果是养殖特殊品种如生鱼，其喜欢跳跃撞击箱顶，可以适当降低水位防止撞伤。

3. 放养密度

3.1 鱼苗标粗密度

每箱可放 3～4 厘米的鱼苗 5 万～10 万尾；放苗前需要用密网将排污槽四周覆盖好，防止鱼苗从排污槽间隙漏出。标粗期间加强管理，密切注意水质变化。

3.2 成鱼养殖密度

可投放规格 100 克/尾的鱼苗 5 000 尾。鱼越大，其适应箱内的流水高密度环境的能力就会差一些，应激反应就越大，所以放苗数量还跟鱼种、规格和鱼苗之前的生活环境息息相关，还需要根据实际情况来放苗。

4. 日常养殖工作

每天早上喂料前先巡查一遍每个箱的情况。正常情况下，当人走过时，箱内的鱼都会朝人的方向聚集索饵。同时也可以根据鱼往日的聚集情况、活动情况判断出鱼当天的健康状况和吃料状态，进而估算出当日投喂量。对鱼活动状况减弱，出现异常，或出现死鱼的箱子，要针对性地进行检查。如检查鱼是否有寄生虫，体表是否有外伤，解剖检查肝、胆、肠、胃是否健康，做到对鱼的健康情况实时掌握，从而有效预防疾病的发生，并做到早发现、早治疗。

4.1　检查鱼的情况

08:30—09:00 检查箱内鱼的活动状态，对残饵、粪便进行打捞。

4.2　水质检测

取每个箱内水样和池塘水样，测定其溶解氧、温度、pH、氨氮、亚硝酸盐等水质指标，每天坚持傍晚定时测一次，掌握每日水质变化情况。氨氮、亚硝酸盐、溶氧和温度指标建议使用可以直接读数的电子仪器测，这样更直观和精确，用比色卡靠肉眼读数精确度太差。溶解氧和温度可以不定期多测几次，如每次喂料前和喂料后的溶氧变化规律，晴天、雨天、阴天的溶解氧变化规律；当箱内溶解氧 24 小时都保持在 3 毫克/升以上时，大部分鱼可以正常生长；水中溶解氧高则鱼得病的概率就小。此外，喂料前，箱内的溶解氧最好能保持在 6 毫克/升以上，因为喂料后溶解氧会急剧下降，如果喂料前只有 3～4 毫克/升，当喂料后溶解氧可能就会降到 1 毫克/升以下，这样鱼会处于一个亚缺氧的环境中，其抵抗力就会下降，有害菌也会大量繁殖侵袭鱼体；所以密切关注溶解氧变化很重要，阴雨天气溶解氧低则少投喂或不投喂。

4.3　喂料

09:00—10:00 称好每个箱的饲料量，每个箱要单独配一个饲料桶，将料桶整齐摆放在箱体前面，投喂量可根据每个箱内现有的鱼总数量，查出对应温度下的投饵率计算出来，一般以 15 分钟内吃完为宜，每周调整一次投喂量。

喂料要定时、定量、定点、定质、定人,喂料要遵循"先慢后快再慢"。不能直接将饲料一大瓢一大瓢地倒入箱内,要均匀地撒向每个天窗。特别是拌药的料,更不能让饲料成片漂在水面。

4.4　做好喂料记录,巡查

10:00—10:30 做好养殖记录,整理料房。

注:若需要拌药料,则料:水在7:1左右,根据不同饲料的吸水性灵活掌握,将药和水混匀后用喷壶均匀喷洒于饲料表面,同时不断用手拌匀,也可以购买一台拌料机,拌好的饲料用大盆置于阴凉处晾半小时再投喂。前一天拌好的药料第二天尽量不要使用,做到现拌现用;没有喂完的饲料要从箱顶上拿下来,放置在阴凉处,不能曝晒或雨淋。

4.5　打扫卫生

10:30—11:30 根据各个箱体鱼的吃料情况、活动状态以及水体溶解氧(喂料1小时后测溶解氧)、透明度合理换水。每天喂食后1小时打开推水箱底阀排水阀门,排水5分钟。若箱内的鱼生物量在500千克以上,则每天进行底排污1~3次,每次换水1/2~3/4,一次性排走大部分粪便。打扫箱体四周垃圾、蜘蛛网、冲洗死鱼桶、清洗饲料桶等。死鱼桶应当随时封口,避免苍蝇传播细菌。将工具整齐地摆放在指定的位置,禁止随意丢弃。

4.6　午间排水

12:00—14:00 对集装箱进行换水。

4.7　投料

14:00—15:00 喂料。

4.8　日常记录及排水

15:30—16:30 饲料搬运,卫生清洁,排水。

4.9　投料

16:30—17:30 喂料。

4.10　换水

19:00—21:00 箱体排水至低水位。

4.11　夜班

21:00 至翌日 08:00 夜班人员值班,完成白天未完成的工作,确保各箱体不缺氧,无异常。

注：喂料以鱼 15 分钟内吃完为宜，喂料时观察是否有在池边独游、突眼、打转等异常现象的鱼，若有，则捞出镜检解剖，及时处理。交接工作要到人，确保出现事故有责任人。

4.12　喂料次数

根据鱼的大小、天气状况等来调整，小鱼多餐，每天 4～6 餐。大鱼可缩减至每天 2～3 餐。日投饵率根据养殖规格及天气状况调控。规格 1～25 克为 8%～10%，规格 25～200 克为 6%，规格 200～350 克为 2%，规格 500 克以上为 1%～1.5%。

5.　养殖管理

（1）集装箱式养殖区设置专职技术员，统筹安排所有养殖工作。

（2）每周周一进行抽样，掌握鱼的生长情况，调整投喂量。

（3）每个月保健两次，每月 2、3、4 日和 16、17、18 日保健肝、胆、肠道，每千克饲料拌入大蒜素 4 克、复合多维 4 克、三黄散 4 克、肝康 4 克等，根据不同品种和鱼不同阶段的状况灵活掌握。

（4）根据养殖具体情况可每月 1、15 日消毒一次，停料 0.5～1 天。如下午停料，晚上消毒，第二天正常投喂。

（5）每月 1、15 日镜检和解剖一条鱼，掌握鱼体健康状况。

（6）平时在箱顶走动时尽量轻脚，轻拿轻放物品，避免惊吓鱼类。

（7）阴雨天气、低温天气、高温天气时则少投喂或不投喂。

6.　排污

当鱼长到 100～200 克时，喂料 1 小时后或喂料前将箱内的水排掉 1/3～3/4，排污时间宜在 10∶00 左右，下午喂料前或喂料后 1 小时排污。排水后适宜在 1 小时内加满水，所以要分批排污，不能多个箱同时排污。

7.　物资管理

（1）及时更新保存养殖记录、抽样记录、用药记录本。

（2）药品使用要精确用量，不能凭感觉估计，未使用完的药品必须封口保存，每次用药时间和用药量、拌料量都需要做好记录。

（3）养殖过程中饲料要配套，饲料粒径符合鱼体规格，不能频繁更换饲料，不同鱼种不同生长阶段要投喂专用饲料。

（4）平时备好增氧颗粒和增氧粉，在出现断电、气管漏气等紧急情况时使用。

（5）饲料置于干燥阴凉处保存。

8. 设备管理

（1）平时注意查看是否有充气管脱落、气管脱胶等问题。若接头漏气，用螺丝刀拧紧抱箍即可。

（2）每周检查一次水电气等设备设施是否有潜在安全隐患。

（3）发电机每周试机运转一次，发电用的柴油等随时备好，运行前检查发电机水箱水量是否充足，加好干净的清水。

（4）罗茨风机日常保养

①更换和添加齿轮油。新罗茨风机运转 10～15 天后需要更换齿轮油，后续每 3～6 个月更换一次，平时添加即可。加油量不能太多，没过中心"红星"即可（参考罗茨风机的注意事项和说明书）。

②添加黄油。鼓风机连续运行 15～30 天后，必须添加黄油。具体操作参考罗茨风机使用说明书。

（5）可备一瓶二氧化碳和安全合法的抗应激剂，运输、分级、出鱼时均可使用，可将箱内的水位降低至离曝气管上 20 厘米左右，水淹过鱼背 10～20 厘米（只要能保证鱼不缺氧即可）时通入二氧化碳，切记不可关闭箱内的增氧曝气管（用曝气管效果最好，曝气管长 1 米，2 根，5～15 分钟见效），当鱼开始有翻肚现象，用手可轻松抓住鱼只时，即可停止通入二氧化碳；若通入过量，则及时加入新水稀释，全程确保鱼的鳃盖一直在动。

（6）若推水箱配有微滤机，每天要检查一次微滤机的水泵喷头是否堵塞，若堵塞则需要关闭微滤机进水阀门，关闭水泵，将喷头取下来清洗，再将喷头出水端水平方向对着滤网装上。打开水泵，打开微滤机进水阀门，观察喷头喷水时是否在一条线上，是否全覆盖滤网表面。检查滚筒是否正常匀速转动，是否卡顿。

9. 分级养殖

随着养殖时间的延长，鱼类生长会出现大小差异使得料比升高，养殖成本增加。所以第一步就要保证进箱内苗规格整齐。

9.1 分级规格

非肉食性鱼类一个生长周期内需要分级饲养 2～3 次。鱼体重200～250 克分级一次，350～400 克分级一次，分大小 2 个规格来饲养。

9.2 分级方法

分级前停料 1 天，分级时降低水位至 30～50 厘米，保证曝气管在水里充氧，水位淹过鱼背鳍 15 厘米。使用二氧化碳等麻醉剂，对鱼进行麻醉，减弱鱼的活动，可基本保证不伤鱼、不伤手，鱼有 99％以上的成活率。麻醉的标准为鱼活动减弱，有轻微翻肚，用手轻松抓住即可。若加入麻醉剂过量，鱼全部翻肚，马上加清水进去稀释即可，不可拖太久，也不可麻醉太很。一般鱼鳃盖在动问题不大，麻醉后的鱼放入清水 2～10 分钟即可苏醒。第二天正常投喂即可。每次分级后空箱用高压水枪冲洗一下箱壁上残留的粪便污垢，再重新加水，这样能够降低饵料系数，也方便管理和出鱼。

10. 出鱼

养殖箱内放掉 2/3～3/4 的水，通入二氧化碳或添加其他合法的抗应激剂，将鱼麻醉称重后提上运输车，放入鱼舱，注意速度要快并全程带水操作。一是鱼车靠近箱子边缘停靠，箱内降低水位，从箱底直接用筐装好鱼，箱顶两个人用挂钩将鱼筐提上来再转运至鱼车内，一般鱼车高度和箱子的高度一致，可直接从箱顶转鱼到车顶。二是直接准备一个大的长方形鱼槽，将鱼用二氧化碳麻醉后直接从出鱼口放出后再装车。

11. 水质监测情况

水质监测指标包括氨氮、亚硝酸盐、水温、pH 等。每日早、中、晚三次检测，分别于一级、二级、三级处理后检测。

陆基推水集装箱式养殖技术规程（江西示范基地）

1. 目的

为了降低养殖的风险，充分发挥陆基推水集装箱式养殖高密度、高生长效率、高成活率的技术优势，提高产出，确保产品符合绿色健康的食品安全和质量要求，特制定本规程。

2. 适用范围

适用于采用观星农业提供的陆基推水集装箱作为养殖装备的所有养殖场所。

3. 养殖技术

3.1 养殖模式

陆基推水集装箱式养殖是一种分区养殖、异位处理、提质增效的养殖模式，用潜水泵抽池塘净化后的三级生物处理池表层 30 厘米的水入箱循环，鼓风机纳米曝气增氧，干湿分离器分离水中残饵、鱼粪，池塘三级沉淀处理净化，臭氧消毒杀菌。每个集装箱装满水约 27 米^3。

3.2 养殖条件

3.2.1 池塘

池塘水深要求不低于 4 米，有条件的地方建议配备一口冷水井作为水源，便于夏季补水降温，冬季需要搭建双层保温棚，保障养殖用水温度，实现全年养殖。每亩池塘配备集装箱 3～7 个。

池塘用塘基隔开分成三个部分：一级沉淀池、二级沉淀池、三级沉淀（生物处理）池，各级池塘面积比依次为 1∶1∶8，前两级沉淀池面积不用太大，占池塘面积 20% 左右即可，池塘不投料，只养殖用于净化水质的鲢、鳙，放在三级生物处理池，每亩投放 100 尾左右，规格 100 克以上。一级沉淀池要比二级沉淀池高出 20 厘米，二级沉淀池要比三级沉淀池高 15 厘米，三级沉淀池比水泵进水区高出 5 厘米，让水从一级沉淀池呈瀑布状漫出到二级沉淀池，二级沉淀池再呈瀑布状漫至三级沉淀池和水泵进水区，增加水源的溶解氧以及改善水质。主排水管排出来的水经过干湿分离器（微滤机），再流入池塘的一级、二级、三级沉淀池，后再由水泵抽入集装箱内进行养殖，完成整个循环。每个箱的养殖循环量最大为每天循环 12 次以上，10～15 米^3/时，即每两小时箱内的水全部循环一次。

3.2.2　干湿分离器所需粪便沉淀池

一台干湿分离器可以带动 10 个推水箱，水处理量 80～150 米^3/时，20 个箱配备一个容积不低于 10 米^3 的三级沉淀池，根据场地地形修建，如长 6 米、宽 2 米、深 1.2 米，也可按照 1∶1∶8 的比例来划分区域，每级沉淀池高度差 5 厘米，同时底部预埋 75 毫米管径的排水管，方便清理时降低水位或排干沉淀池内的水。

3.2.3　养殖集装箱

陆基推水箱长 6.06 米、宽 2.45 米、高 2.89 米，箱内加满水总水体 27 米^3 左右，水位每下降 10 厘米，减少约 1.36 米^3 水体，正常水位距离箱顶 40 厘米左右，即正常养殖时箱内水体 21.56 米^3（未减去鱼的体积）左右。

每个养殖箱顶端都有单独的进水口、进气口，4 个配地漏的排污口汇入主排水口再进入水位溢流管，集装箱箱内底部有 10 根纳米曝气管环绕四周，每根曝气管均有阀门调节气量大小。

3.2.4　水循环系统

在池塘边架一个浮筒架（用角铁焊接固定两个大浮筒），将抽水入箱的水泵吊在浮筒架上，或立木桩等支撑。抽取池塘溶解氧比较高的表层水（距离水面约 30 厘米），水泵用钢丝软管或橡胶软管与进水主管连接，通过调节每个箱的进水阀门大小，由进水主管将水量均匀分流到每个养殖箱内。养殖箱内的粪便再经过斜底收集，通过溢流管汇入主排水管中，主排水管中的水再流入自流式微滤机（干湿分离器）进行物理过滤，过滤出来的污水流入化粪池或沉淀池用作生物肥灌溉蔬菜瓜果。微滤机滤网过滤出来的干净水再流入一级沉淀池。化粪池内

的水经过三级沉淀后其上清液也流入一级池塘。

3.3 养殖应用

推水箱主要适合养殖经济价值高、无领地意识、喜欢流水环境、喜欢集群摄食的温水性鱼类。目前养殖比较成功的鱼种有生鱼、加州鲈、宝石鲈、罗非鱼、彩虹鲷、草鱼等。养殖模式有四种：提质增效、鱼苗标粗、阶段式养殖、序列式养殖。

3.3.1 提质增效

主要为收购自池塘、河流等水域的达到商品规格的鱼类，放入集装箱内养殖，利用生物制剂等去除鱼体中的重金属及药物残留等污染物，改善鱼的口感，提高鱼的品质，从而提高鱼的商品价值。因为在集装箱内水一直处于流动状态，溶解氧高，水质好，无底泥，所养鱼鱼品质会比池塘好很多，产品无土腥味，肉质滑腻紧实。吊水 15 天即可出售，还可以通过加盐来吊水，进一步提升口感。

3.3.2 鱼苗标粗

3～4 厘米的鱼每箱可放 5 万～10 万尾，标苗一周后筛鱼。放苗前需要用密网将排污槽四周覆盖好，防止鱼苗从排污槽间隙漏出。标粗期间加强管理，密切注意水质变化。

3.3.3 阶段式养殖

无论何种养殖模式，养殖周期都尽量控制在 3 个月以内，以提高设备能耗的利用率，提高经济效益。

选择鱼种生长最快的阶段进行饲养，在 3 个月内出鱼。比如养殖 350 克的生鱼，放 1 500～2 000 尾，3 个月长到 1～1.5 千克。草鱼 0.75 千克的规格，每箱 1 500 尾，3 个月长到 1.5～2 千克。罗非鱼 100 克，每箱放 2 500 尾，3 个月长到 0.75 千克。叉尾鮰放苗规格 350～400 克，放 2 000 尾，2 个月长到 0.75～1 千克。箱内鱼养殖生长速度比池塘快 20% 以上。

3.3.4 序列式养殖

序列式养殖指的是从鱼苗标粗到成鱼养殖分区域分阶段式养殖，主要适合 50 个箱以上的规模，规模越大，效果才越明显。这种方式可实现全年每个月都出鱼、都补苗。1 克左右养到 10～25 克，可放 1 克的苗 1 万～2 万尾；25～50 克放苗 8 000～10 000 尾；50～100 克放苗 4 000～8 000 尾；100～200 克放苗 3 500～4 000 尾；200 克以上放苗

2 000～3 500尾。确定放苗规格后需要检查箱内的排水口是否会漏鱼，集污槽盖板四周缝隙是否过大而跑鱼，若箱内配的是包有密网的宝塔头地漏，则可以直接标粗小苗。若放养的规格大一些，就把地漏上面的密网拆掉，以免影响过水量。若箱内集污槽配的是两层挡板，当鱼稍微大一点后就将第一层密的挡板拿掉。鱼越大，其适应箱内的流水高密度环境的能力就会差一些，应激反应就越大，所以放苗数量还跟鱼种、规格、鱼苗之前的生活环境息息相关，还需要根据实际情况来确定放苗数量。

3.4 鱼苗运输和入箱

3.4.1 鱼苗提前吊水

鱼苗场提前一周吊水，并筛好鱼苗，保证进入推水箱的鱼苗规格整齐一致，一般循环水池或流水槽标粗的鱼苗更适应集装箱内的环境。

3.4.2 鱼苗场的准备

鱼苗运输前停料2～3天。捕鱼前2小时泼洒抗应激剂，减少拉网应激。

3.4.3 运鱼苗车厢消毒

运鱼苗的车箱先消毒清洗再冲洗干净，后加干净清澈的水以备放苗。

3.4.4 鱼苗运输

鱼苗在运输过程中每隔2小时检查一次鱼苗有无出现异常情况，中途可加一些抗应激剂。

3.4.5 推水箱点的准备

推水箱要提前1天清洗干净，加好水，关闭循环水泵（使用山泉水的推水箱，关闭进水开关），打开风机曝气，以备放苗。

3.4.6 鱼苗抽样镜检

鱼苗运到场地后，检查鱼的情况，每个品种打捞3～5尾显微镜镜检是否有寄生虫，解剖查看肝、胆、肠、胃是否健康，确保放入箱内的鱼苗质量可靠。有条件的情况下最好派人到鱼苗场查看鱼苗品质，镜检解剖，全程跟踪。

3.4.7 鱼苗车厢水温调节

将鱼苗车厢水排去1/3，用钢丝软管或小水泵抽取箱内的水，加入鱼苗车厢中，冲水时对着鱼车厢壁冲，不要对着鱼苗冲，加满水后，

排去一半水，再加满，反复操作使得鱼苗车厢水温与箱内温差小于0.5℃，这样操作达到调节水温和水质的效果，减少鱼的应激（抽水泵流量最好小于 5 米³/时，冲力太大会损伤鱼苗）。

3.4.8　移鱼苗进箱

箱子内泼洒维生素 C 50 克。鱼车要尽量靠近箱的边缘，从车顶用水桶直接将鱼苗移到箱顶，将装鱼苗的水桶贴着箱的水面倒鱼。此外，捞鱼的网兜网孔要适当密一些，材质要柔软，防止伤鱼，对于小规格鱼苗（小于 100 克），每网不能打捞太多，鱼桶里的水要淹过鱼身 5 厘米，每桶分 2～3 次打捞。力求做到少量多次，快、稳、轻地完成移苗工作。

3.4.9　鱼苗进箱后消毒

鱼苗进箱 2 小时后，用杀菌消毒剂浸泡消毒 24 小时，消毒期间，关闭进水开关，停止水循环，继续保持充气；消毒完成后，再打开进水开关加水循环。每个箱使用的消毒剂要用一只大桶装水稀释混匀后，再用水瓢均匀泼洒到养殖箱的每个天窗。注意消毒期间不喂料或少喂料。肉食性鱼苗可能需要当天投喂，以免相互捕食，可以喂完料 2 小时后消毒药浴 12 小时，开启水泵循环，12 小时左右后再药浴 12 小时。具体操作还可以征求鱼苗场意见。鱼苗进箱后第二天可以少量投喂，按 0.5%～1% 投饵率，逐步上调到和鱼苗场一致，同时投喂多维、维生素 C 等 5～7 天，增强鱼苗的免疫力。鱼苗进箱开始几天最好投喂在鱼苗场使用的饲料来过渡。外伤比较严重的隔一天需要再药浴消毒一次。

3.4.10　养殖箱气量调节

小规格鱼苗（如小于 50 克）需要注意调整箱内气流的大小，可通过关小控制每个箱的开关来调节单个箱气流。若多个箱气流都需要调小，则打开机房内的泄气开关来调节，以免憋坏风机。若鱼乱窜、乱撞、乱跳则可关闭箱内某个区域的相对的 2 根气管以形成静流区域，但要注意防止缺氧，待鱼适应后再调大充气量；如果是养殖特殊品种如生鱼，其喜欢跳跃撞击箱顶，可以适当降低水位防止撞伤。

3.5　日常养殖

每天早上喂料前先巡查一遍每个箱的情况。正常情况下，当人走过时，箱内的鱼都会朝人的方向聚集索饵。同时也可以根据鱼往日的聚集情况、活动情况判断出鱼当天的健康状况和吃料状态，进而估算出当日投喂量。对鱼活动状况减弱、出现异常或出现死鱼的养殖箱，要有针对性地进行检查，如镜检是否有寄生虫，体表是否有外伤，解剖内脏检查肝、胆、肠、胃是否健康，做到对鱼的健康情况实时掌握。

3.5.1　检查鱼的情况

08:00—08:10 检查箱内鱼的活动状态。

3.5.2　水质检测

取每个箱内水样和池塘水样，测定其溶解氧、温度、pH、氨氮、亚硝酸盐等水质指标，每天坚持早晚定时各测一次，掌握每日水质变化情况。测量氨氮、亚硝酸盐、溶解氧和温度指标建议使用可以直接读数的电子仪器测，这样更直观和精确。溶解氧和温度可以不定期多测几次，如每次喂料前和喂料后的溶解氧变化规律，晴天、雨天、阴天的溶解氧变化规律；当箱内溶解氧 24 小时都保持在 3 毫克/升以上时，大部分鱼可以正常生长；水中溶解氧高则鱼得病的概率就小。此外，喂料前，箱内的溶解氧最好能保持在 6 毫克/升以上，因为喂料后溶解氧会急剧下降，如果喂料前只有 3～4 毫克/升，喂料后溶解氧可能就会降到 1 毫克/升以下，这样鱼会处于一个亚缺氧的环境中，其抵抗力就会下降，有害菌也会大量繁殖侵袭鱼体；所以密切关注溶解氧变化很重要，阴雨天气溶解氧低则少投喂或不投喂。溶解氧低还可以通过多次换水来改善。

3.5.3　喂料

08:10—08:20 称好每个箱的饲料量，每个箱要单独配一个饲料桶，将料桶整齐摆放在箱体前面，投喂量可根据每个箱内现有的鱼总数量，查出对应温度下的投饵率计算出来，一般以 15 分钟内吃完为宜，每周调整一次投喂量。

08:20—09:00 喂料。定时、定量、定点、定质、定人，喂料要遵循"先慢后快再慢"。不能直接将饲料一大瓢一大瓢地倒入箱内，要均匀地撒向每个天窗，饲料不能大片漂在水面上。特别是拌药的料更不能让饲料成片漂在水面上，要慢慢投喂才能保证鱼吃到药饵。

3.5.4　做好喂料记录，巡查

09:00—09:30 做好养殖记录，整理料房。

09:30—09:40 巡查各箱是否缺氧。

注：若需要拌药料，则料：水在 7：1 左右，根据不同饲料的吸水性灵活掌握，将药和水混匀后用喷壶均匀喷洒于饲料表面同时不断用手拌匀，也可以购买一台拌料机，拌好饲料后用大盆置于阴凉处晾半小时再投喂。前一天拌好的药料第二天尽量不要使用，做到现拌现用，没有喂完的饲料要从箱顶上拿下来，放置于阴凉处，不能曝晒或雨淋。

3.5.5　打扫卫生

09:40—11:30 根据各个箱内鱼的吃料情况、活动状态以及水体溶解氧（喂料 1 小时后测溶解氧）、透明度合理换水。每天早中晚打开底排污阀排污 2 分钟，若箱内的鱼生物量在 500 千克以上，则每天进行底排污 1～3 次，每次换 1/2～3/4，一次性排走大部分粪便。打扫箱体四周垃圾、蜘蛛网，冲洗死鱼桶、清洗饲料桶等。死鱼桶应当随时封口，避免苍蝇传播细菌。将工具整齐摆放在指定的位置，禁止随意丢弃。

3.5.6　喂料

11:30—12:00 喂料。

3.5.7　交接中班

11:50—12:00 交接好上午未完成的工作给值班人员。

12:00—14:00 值班人员就位。

3.5.8　巡查

14:00—14:10 检查各箱内鱼的情况、设备情况，测溶解氧，换水。

16:00—17:00 若需要拌料保健或治病，提前 0.5～2 小时拌好料并置于阴凉处晾干。

3.5.9　喂料

16:50—17:00 称好料，并整齐摆放在箱体前面。

17:00—17:30 喂料。

17:30—17:50 清洗饲料桶，做好养殖记录。

17:50—18:00 交接工作给夜班人员。

3.5.10　夜班

18:00 至翌日 08:00 夜班人员值班，完成白天未完成的工作，确保各箱体不缺氧，无异常。

3.5.11　夜班交接白班

08:00—08:10夜班将晚上发生的异常告诉白班。

注：喂料15分钟吃完为宜，喂料时观察是否有池边独游、突眼、打转等异常现象的病鱼，捞出镜检解剖，及时处理。交接工作要到人，确保出现事故有责任人。

3.5.12　喂料次数

根据鱼的大小来调整，小鱼多餐，每天4～6餐。大鱼可缩减至每天2～3餐。

注：值班时间可根据具体实际情况灵活调整。

3.6　排污

小鱼阶段每天喂完料后1小时可排污5分钟，即排掉箱内20%～30%的水。

当鱼长到100克以上时，喂料1小时后或喂料前将箱内的水排掉1/3～3/4，排污时间宜在10:00左右，下午喂料前或喂料后1小时排污。排水后适宜在1小时内加满水为宜，所以要分批排污，不能多个箱同时排污。

3.7　分级养殖

随着养殖时间的延长，鱼类生长会出现大小差异使得料比升高，养殖成本增加。所以要保证进箱的苗规格整齐。

3.7.1　分级规格

非肉食性鱼类一个生长周期内需要分级饲养2～3次。鱼体重50克以前分级一次，100～150克分级一次，250～300克分级一次。分大、中、小三个规格来饲养，太小的苗可直接淘汰。肉食性鱼类如加州鲈，7厘米以前最好每周分级一次，避免相互捕食、降低苗种成活率。

3.7.2　分级方法

分级前停料1天，分级时降低水位至30～50厘米，保证曝气管在水里充氧，水位淹过鱼背鳍15厘米。使用二氧化碳等麻醉剂对鱼进行麻醉，减弱鱼的活动，可基本保证不伤鱼、不伤手、99.5%以上的成活率。麻醉的标准为鱼活动减弱，有轻微翻肚，可用手轻松抓住即可。若加入麻醉剂过量，鱼全部翻肚，马上加清水进去稀释即可，不可拖太久，也不可麻醉过度。一般若鱼鳃盖在动则说明问题不大，麻醉后

的鱼放入清水2～10分钟即可苏醒。第二天正常投喂即可。每次分级后空箱用高压水枪冲洗一下箱壁上残留的粪便污垢，再重新加水，也可套养一些刮食性鱼类和底层鱼类，如清道夫等。这样能够降低饵料系数，也方便管理和出鱼。

3.8 出鱼

出鱼有两种方式，一是鱼车靠近箱边缘停靠，箱内降低水位，从箱底直接用筐装好鱼，箱顶两个人用挂钩将鱼筐提上来再转运至鱼车内，一般鱼车高度和箱的高度一致，可直接从箱顶转鱼到鱼车顶，这样操作也非常方便。若养殖的鱼比较名贵，不耐运输，可以用二氧化碳或其他合法麻醉剂麻醉后再出鱼，减少应激和损伤。另外，直接准备一个大的长方形鱼槽，将鱼用二氧化碳麻醉后直接从出鱼口放出后再装车。

若是运输到其他地方后需要养殖，保证一定时间的成活率，则可采用以下方法出鱼。

3.8.1 出货前的准备

（1）按需求方的订单来确定出货数量、吊水，提前一周将鱼挑选好，麻醉后进行初步筛选。

（2）采用加地下井水或加冰的方式将水温逐步调整到22℃左右，每天调整温差不超过2℃，在此期间禁食，箱体内加大曝气，每天适当拉网锻炼。

3.8.2 出货时的准备

（1）联系好水车，有条件的水车到厂后清洗鱼舱，水车内加水，并保证水温22℃左右。

（2）鱼舱水体内放入维生素C等抗应激药品，以减少应激及人为机械损伤。

（3）养殖箱内放掉2/3～3/4的水，通入二氧化碳或添加其他合法抗应激剂，将鱼麻醉称重后提上运输车，放入鱼舱，注意速度要快并全程带水操作。

4. 管理规定

4.1 养殖管理

（1）养殖部设至少一个懂养殖的技术员，统筹安排所有养殖工作。

养殖现场需要 24 小时值守。

（2）每个月保健两次，每月 2、3、4 日和 16、17、18 日保健肝、胆、肠道，在饲料中拌喂大蒜素、多维、维生素 C、三黄散、黄芪多糖、乳酸菌等，根据不同品种和不同阶段的鱼的状况灵活掌握。

（3）根据养殖具体情况可每月 1、15 日消毒一次，停料 0.5～1 天。如下午停料，晚上消毒，第二天正常投喂。

（4）每月 1、15 日抽样，掌握鱼的生长情况，调整投喂量。

（5）每月 1、15 日镜检和解剖一尾鱼，掌握鱼体健康状况。

（6）平时在箱顶走动时尽量轻脚，轻拿轻放物品，避免惊吓鱼类。

（7）阴雨天气、低温天气、高温天气时少投喂或不投喂。

4.2　物资管理

（1）及时更新保存养殖记录、抽样记录、用药记录本。

（2）药品使用要精确用量，不能凭感觉估计，未使用完的药品必须封口保存，每次用药时间和用药量、拌料量都需要做好记录。

（3）养殖过程中饲料要配套，饲料粒径符合鱼体规格，不能频繁更换饲料，不同鱼种不同生长阶段要投喂专用饲料。

（4）平时备好增氧颗粒和增氧粉，以备因断电、气管漏气而引起缺氧时紧急投入使用。

（5）饲料置于干燥阴凉处保存。

（6）养殖药品宜选择大厂家，质量有保障。

4.3　设备管理

（1）平时注意查看是否有充气管脱落、气管脱胶等问题。若接头漏气，用螺丝刀拧紧抱箍即可。

（2）每周检查一次水电气等设备设施是否有潜在安全隐患。

（3）发电机每月试机运转一次，发电用的柴油等随时备好，运行前检查发电机水箱水量是否充足，加好干净的清水。

（4）罗茨风机日常保养

①更换和添加齿轮油。新罗茨风机运转 10～15 天后需要更换齿轮油，后续每 3～6 个月更换一次，平时添加即可。加油量不能太多，没过中心"红星"即可（看罗茨风机上面贴的注意事项和说明书）。

②添加黄油（锂基润滑脂）。鼓风机连续运行 15～30 天后，必须添加黄油。具体操作参考罗茨风机使用说明书。

若用双螺旋风机则不需要加机油和黄油，依照厂家说明定期更换较易磨损的零件。

（5）池塘每3～5亩最好能配一台3千瓦的叶轮式或火箭式增氧机，晴天12:00—14:00开启两小时。

（6）可备一瓶二氧化碳和安全合法的抗应激剂，运输、分级、出鱼时均可使用，可将箱内的水位降低至离曝气管上20厘米左右，水淹过鱼背10～20厘米（只要能保证鱼不缺氧即可）时通入二氧化碳，切记不可关闭箱内的增氧曝气管（用曝气管效果最好，曝气管长1米，2根，5～15分钟见效），当鱼开始有翻肚现象，用手可轻松抓住鱼只时，即可停止通入二氧化碳。若通入过量，则及时加入新水稀释，全程确保鱼的鳃盖一直在动。

（7）若推水箱配有干湿分离器，每天要检查一次干湿分离器的水泵喷头是否堵塞，若堵塞，则需要关闭干湿分离器进水开关，关闭水泵，将喷头取下来清洗，再将喷头出水端水平方向对着滤网装上。打开水泵，打开干湿分离器进水阀门，观察喷头喷水时是否在一条线上，是否全覆盖滤网表面。检查滚筒是否正常匀速转动，是否卡顿。

（8）定期检查集装箱油漆是否有破损，特别是箱内。发现破损，要及时修理，避免损坏箱体结构和对水造成污染。

4.4 池塘管理

（1）三级池塘每亩放养鲢、鳙100～200尾，不养其他鱼类。

（2）池塘每个月用二氧化氯、漂白粉、聚维酮碘、生石灰等消毒1～2次，消毒3天后用光和细菌、EM菌、乳酸菌等微生态制剂调水改底。如果水色较浓，pH较高，可用二氧化氯消毒调水3天后再用乳酸菌降pH。

（3）池塘每1～3年在冬天干塘清淤一次，保持塘底淤泥20厘米左右。用生石灰消毒杀死病原菌，晒塘晒至塘底龟裂，池塘进水口用密纱绢网拦住，防止野杂鱼、鱼卵、蛙卵等进入池塘。塘底平整无杂草等。箱子进水放苗前一星期对池塘消毒一次，调好水后再进苗。

4.5 供电、供气、供水、排水管理

（1）在养殖过程中，需要24小时持续保持养殖集装箱内的供气（曝气）、供水、排水不间断。

（2）为了保证供气、供水、排水不间断，需要保持供电不间断。

如果电网断电或出现其他故障，需要马上启动备用发电机供电。

（3）现场必须要有值守人员 24 小时在岗，每小时巡检一次，检查每台养殖集装箱内供气、供水和排水是否正常。如果发现有不正常现象，需要马上查找原因，及时消除不正常现象。

（4）需要常备装有液态氧气的杜瓦罐，20 台养殖集装箱至少配 2 满瓶杜瓦罐，同时布好相应液氧管道，时刻保证杜瓦罐内液氧充足，一用一备。当出现电网供电故障、备用发电机也供不上电的情况时，需要马上打开杜瓦罐，向集装箱内供氧气。

4.6　警示和报警

停电、断气是工业化养殖最大的安全隐患，现场养殖管理人员，必须充分理解供电、供气、供水、排水的重要性，每天检查相关设施设备，及时发现问题、解决问题，安装断电报警、断气报警、水位报警、视频监控等风险预警装置，与多个养殖人员手机相连接，出现报警情况立马打电话给相连的养殖人员。同时设置现场警示牌，加强养殖人员安全隐患意识，做到安全规范化生产。

4.6.1　警示牌

（1）警示牌采用白底红字，字体为楷体，字体高度为 100 毫米。

（2）警示牌内容：有关停电、断气等安全隐患。

（3）警示牌底部距离地面 1.6～1.8 米。

（4）警示牌设置于显眼、最容易发现的地方，不得出现遮挡、变色、脱落、模糊不清等情况。

4.6.2　报警

（1）须设置监控电网供电的报警装置，当电网供电出现停电情况，报警器启动。养殖值守人员须马上启动备用发电机（如果能够实现自动启动最好）。

（2）须设置备用发电机故障报警装置，当备用发电机出现故障，报警器启动。养殖值守人员须马上打开备用杜瓦罐，确保每台养殖集装箱供上氧气。

（3）每台养殖箱须设置水质检测报警装置，当水体中不利于养殖的成分超标，报警器启动。养殖值守人员须马上检查原因，消除故障。

（4）每台养殖箱须设置水位报警装置，当水位低于设置的水位高度，报警器启动。养殖值守人员须马上检查原因，消除故障。

全国各地的集装箱式养殖示范基地

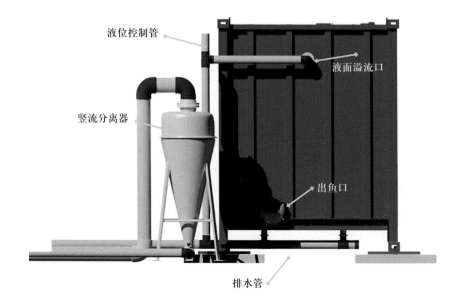

液位控制管

液面溢流口

竖流分离器

出鱼口

排水管

正面

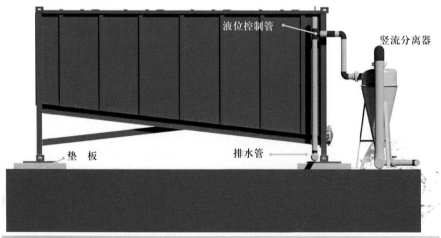

液位控制管

竖流分离器

垫 板

排水管

侧面

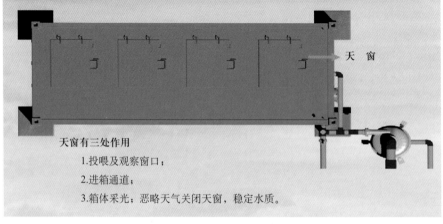

天 窗

天窗有三处作用

　　1.投喂及观察窗口；

　　2.进箱通道；

　　3.箱体采光；恶略天气关闭天窗，稳定水质。

顶面

陆基推水式集装箱箱体构造示意图

观察窗

微滤机窗

中控箱
　作用：系统的配电中心，同时电控箱具有监控、全自动运行、臭氧发生等功能

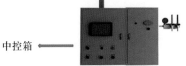

微滤机
微滤机及进出水管道
　作用：养殖箱中的水体不断经过微滤机，进行固液分离，去除固体颗粒物。降低生化池压力，净化水质

中控箱

罗茨风机
　作用：系统的唯一动力源，通过压缩空气来达到气提水，搅动水及增氧的作用

循环管

地暖管

地暖管：利用暖气或热水与生化池进行热交换，完成系统加热

曝气管

生化池曝气，使滤料翻滚，切割气泡，降解水体中的氨氮亚硝酸盐等

集装箱箱体外观模式图

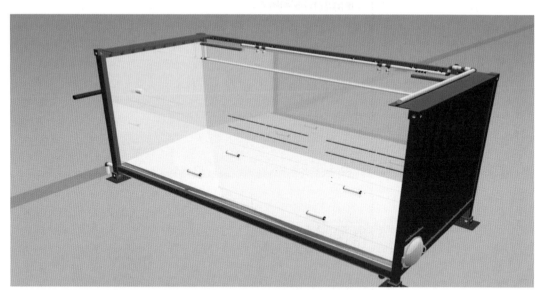

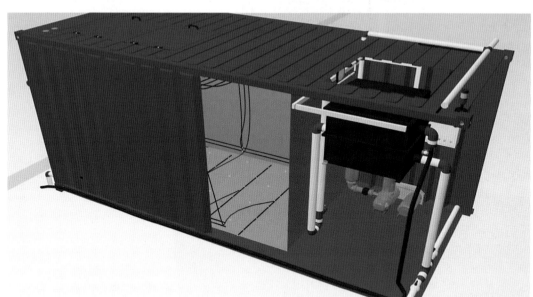

养殖箱体恒温系统

集装箱式养殖现场（广东肇庆示范基地）

集装箱式养殖配套的一级生态塘

集装箱式养殖配套的二级生态塘

集装箱式养殖配套的三级生态塘

集装箱式养殖配套的四级生态塘

生态美的集装箱式养殖配套池塘

集装箱的登梯

集装箱式养殖生产现场（顶端）

集装箱式养殖示范基地的"智检小站"

集装箱式养殖（北京示范基地）

集装箱式养殖（云南示范基地）

集装箱式养殖生产现场（云南示范基地）

养殖箱体（云南示范基地）

集装箱式养殖+生态塘（广西示范基地）

集装箱式养殖"有机鱼（安徽示范基地）

受控式集装箱式养殖（安徽示范基地）

集装箱式养殖与鱼菜共生有机结合（安徽示范基地）

集装箱式养殖箱体（安徽示范基地）

集装箱式养殖喜获丰收

集装箱式养殖景观（湖北示范基地）